U0105706

智库研究丛书

王荣华 总主编

智库转型

——理论创新与实践探索

王健 主编
沈桂龙 陈骅 副主编

生活·讀書·新知 三联书店

图书在版编目（ＣＩＰ）数据

智库转型:理论创新与实践探索/王健主编;沈桂龙，陈骁副主编.
－－ 北京：生活·读书·新知三联书店,2012.5
（智库研究丛书）
ISBN 978-7-108-04044-2

Ⅰ.①智…Ⅱ.①王…②沈…③陈…Ⅲ.①社会科
学院－研究－中国 Ⅳ.①G322.23

中国版本图书馆CIP数据核字(2012)第043795号

责任编辑　麻俊生
装帧设计　罗　洪
责任印制　卢　岳
出版发行　生活·讀書·新知 三联书店
　　　　　（北京市东城区美术馆东街22号）
邮　编　100010
经　销　新华书店
印　刷　北京市松源印刷有限公司
版　次　2012年5月北京第1版
　　　　　2012年5月北京第1次印刷
开　本　635毫米×965毫米 1/16　印张17.5
字　数　216千字
印　数　0,001-3,000册
定　价　42.00元

总序　全球治理与智库作用

上海社会科学院智库研究中心主任　王荣华

国际金融危机爆发之后,全球治理问题引起各界的高度关注。在后危机时代,这一问题已不再停留于理论探讨层面,而是迅速上升到政策和战略的高度,成为关系到国家社会稳定和发展的热点和焦点议题。

中国领导人曾多次在国际舞台上阐述中国对全球治理,特别是全球经济治理的观点和主张,体现了中国对全球治理问题的基本判断和价值追求,也体现出中国作为一个新兴经济大国,为危机后全球经济体系恢复与重建,承担更多国际责任的信心和决心。

国内外学术界也开创了不少与全球治理概念相关的富有价值的研究。所谓全球治理,是试图探讨如何把世界——一个全球化的世界——当做一个集体的存在来共同治理,即当作"社会—世界"去治理。关于全球治理的议题是已经影响或者将要影响全人类的跨国问题,难以依靠单个国家加以解决。例如:

——全球安全。包括国家间或区域性的武装冲突,核武器的生产与扩散,大规模杀伤性武器的生产与交易等。

——生态环境。包括资源的合理利用与开发,污染源的控制,稀有动植物的保护,气候变化等。

——国际经济。包括全球金融市场,贫富分化,债务危机以及汇率问题等。

——跨国犯罪。如走私,非法移民,毒品交易,贩卖人口以及国际恐怖主义等。

——基本人权。如种族灭绝,大规模疾病的传染及预防等。

可见,全球治理讨论的不仅是政府组织,即传统的国家在全球治理中的作用,更是非政府组织、跨国公司、全球大众媒体、各类智库乃至全球资本市场这些民间力量、非政府力量在全球治理中的作用。

如果说在金融危机之前,人们对全球治理的关注主要集中在理论框架设计与体制机制建设方面,那么在金融危机之后,全球治理的中心议题便逐渐转到全球经济治理及其实践上来。当前,金融危机的余波尚未消尽,世界经济格局已经或正在发生巨大变化和深刻调整,以国际合作实现全球治理,推动全球治理机制改革正逐渐成为国际社会的广泛共识,这要求发达国家和新兴大国肩负起共同应对危机的重任。例如,G20峰会作为新的大国力量平台,为解决全球治理和全球经济治理问题提供了新的工具和路径。G20体制的运作规则表明,思考全球治理问题需要战略视野、文化视角和民间力量,而这些正是一个健全的智库所具备的。同时,非西方大国参与的全球治理也势在必行,这已成为国际货币体系乃至世界经济体系历史性改革的重要前提。

全球治理需要全球共同参与,更需要全球智库共同努力,在全面合作中共同化解面临的难题。但随着经济全球化趋势进一步发展,某一地区的发展也会面临诸多问题,这些问题不仅具有本土化意义,也具有全球化和一般性的趋势特征。所以在一定意义上说,某一区域、某一地区发展问题的解决,也在一定程度上具有全球共同治理的重大意义和示范效应。这里,我们以上海的国际化大都市建设为例,加以阐述。

众所周知,上海正致力于成为国际金融中心、国际航运中心、国际贸易

中心以及国际经济中心,正在努力推动国际化大都市建设,在此过程中,以下几个关键性问题凸显出来:

第一,如何加快国际金融中心和国际航运中心建设,这不仅是上海城市发展进程中的一件大事,同时也是上海作为全球城市在发展中面临的关键性问题,因而具有全球治理的一般性和普遍意义。必须看到,上海建设国际金融中心已然具备了重要条件和基础:一是上海已经具备了初步完善的多层次的金融市场体系,各类金融市场在配置金融资源、推动金融产业发展方面发挥了十分重要的作用。二是中国和上海的经济已经进入到新的发展阶段,中国经济已经成为世界经济发展中不可缺少的重要元素和变量。三是上海国际金融中心必须顺应和适应人民币国际化的发展要求,不仅要为长三角、全国的发展提供重要的金融服务和支撑,更要为中国参与全球经济竞争提供服务。

第二,上海发展必然面临产业结构调整以及经济发展和运行成本上升的重大挑战。面对全球化和信息化的要求以及建设世界城市的目标定位,上海城市发展必须从注重形态开发转向功能开发和完善,通过产业结构调整,从制造业中心城市转变为以服务经济为主的中心城市。为此,发展现代服务业和先进制造业就成为上海产业发展转型的必然选择。但是,近年来,上海产业发展尤其是制造业发展正在面临越来越高的成本挑战:劳动力用工成本上升,土地成本上升,城市商务成本增加,技术成本也开始上升,国际大宗商品价格上升,这些日益增加的成本因素使得制造业发展受到愈来愈大的挑战和约束。从长远来看,这些问题也许有助于制造业转型和升级,但在短期内会影响到制造业发展的利润空间,影响企业发展的积极性,同时也会给就业等带来不利影响。这些问题其实也是全球其他城市在转型发展中遇到的问题。

第三,上海作为国际大都市,其建设和发展也面临许多全球城市共有的问题,诸如大规模人口流动问题,劳动力市场分割问题,城市安全运行与综合治理问题,交通、住房、社会保障等诸多公共问题。全球治理只有与本土实际结合,才能落地、落实。反过来,只有通过本土化实践和国际合作,才能创新全球治理模式。

上述上海的国际化进程和参与全球治理的实践表明,应对"全球风险时代"不仅需要勇气、胆略,更需要智力、智慧。在新的历史条件和文化背景下,凝聚人类智慧、提出新的理念、制定新的策略、形成新的秩序,是新智库的使命。新智库的功能和作用应该体现在如下五个方面:一是提供新思想;二是参与政府决策,提供政策设计方案;三是引导舆论,教育公众;四是为政府储存和输送人才;五是开展"二轨外交"等。

上海社会科学院三年前成立了智库研究中心,被同行誉为智库中的智库,该中心探索不同学科和经济学科之间、不同分支与方向之间的相互渗透、融合及交叉,以推动具有中国特色的智库研究及其应用。一方面,承继上海社会科学院的研究优势和特色,另一方面,整合上海及国内乃至国际其他高校和研究机构智库研究的资源,集中力量研究上海、全国和世界上智库的状况,搭建跨学科研究平台,提供决策咨询服务,为中国社会发展提供智力支持。目前,智库研究中心已组织力量,对智库的起源与发展,现代智库的发展历程,世界各国智库的发展现状,世界智库的类型、职能与作用,以及主要趋势特征等内容进行了系统研究,形成了一系列智库研究成果。

然而,智库在全球治理中要发挥罗盘作用,需要进一步思考和解决一些重要问题,例如智库产业和集群化发展模式问题、新智库的功能完善问题、新智库的评价体系和机制问题、新智库的人才储备问题、新智库的发展困境与转型动力问题、新智库与政府的关系问题、新智库建设与学科发展的关系问题、基础研究与应用研究的关系问题、新智库建设与媒体特别是新媒体的关系等问题,特别是智库的发展也需要加强国内外智库的合作与交流。因此,《智库研究丛书》的出版正是基于这些深层次的思考,并将一些探索性的回答集结成册,以飨读者。

放眼世界,具有战略地位的全球性智库和智库网络已经呈现出遍地开花的繁荣景象。这些全球性的伙伴关系和网络已经成为在国际间传递知识和信息的有效机制,而政策制定者可以使用这些知识和信息进行国家层次的决策。对于智库而言,最重要的不是发现和解释现在,而是展望和预测未来。特别是对于全球治理问题,智库需要在进行深入调查研究的基础上,作出分析并提出建议,这样才能为决策咨询打下坚实的智力基础。

目　录

研　究　篇

实　践　篇

案 例 篇

抓住机遇,发挥优势,不断提升智库服务决策的能力和水平

潘世伟[1]

智库建设如何适应不断发展的形势,在变化的决策需求中提升能力和水平是社科院系统普遍面临的问题。只有认清形势,把握机遇,发挥优势,提供适应社会需求的智库产品,才能扩大智库影响力,才能通过"有为"确保"有位"。

第一,要认清形势,了解大势,把握智库发展的机遇。近几年来,全国社科院系统都提出了建立新型智库的目标,并取得了一定成绩,为今后发展打下了良好基础。但我们仍然要清醒地看到,社科院各项工作与党的十七届六中全会对哲学社会科学的要求,与区域经济社会发展的急切期盼,与全国哲学社会科学发展的总体态势比较,仍有很大的努力空间。社科院未来发展将面临新的形势和挑战,我们要在这样的大环境下把握住智库发展的机遇。概括起来讲,这种形势和挑战主要体现在五个方面:

一是研究视野应进一步扩大。政治多样化、经济全球化和文化多样化是世界发展的基本趋势,但就世界经济政治格局的整体而言,它们仍处在孕育当中,尚未成型。中央一再强调,尽管外部环境发生很大变化,但中国

---

〔1〕作者系上海市委宣传部副部长、上海社会科学院党委书记。

仍处于战略机遇期。与此同时,我们也应看到各种不稳定、不确定因素的制约,以及外部环境波动性、复杂性的深刻影响,这些问题需要中国在统筹国内发展和国际发展两个大局上加以解决。这种大的背景迫切要求哲学社会科学工作者比以往任何时候都要扩大视野,深入研究自身发展和外部变量之间的互动规律,为中国未来发展的独立性和持久性给予有力的论证和说明,为中国选择趋利避害的发展路径提供科学的解释和支撑。如果哲学社会科学工作者没有全球视野,就不能把握大的形势,也不能对未来发展和选择作出准确、科学的判断。

二是现实形势研判需进一步深化。进入 21 世纪,中国社会生产力快速发展,综合国力大幅提升,经济、政治、文化和社会建设在取得巨大进步的基础上依次展开。2010 年,中国经济总体规模超过日本,居世界第二。中国现有的发展速度和经济总量超出了原有预期,但也要清醒地看到,这种跨越式发展所带来的不平衡、不协调、不可持续的问题日益突出。目前,经济社会各类矛盾不断积累,新旧矛盾交织也呈现触点多、燃点低、分布广的特点。这就要求哲学社会科学工作者比以往任何时候都要更加深入现实,把握本质,探索解决新矛盾、新问题的思路和看法。寻求一个特大型国家以非资本主义方式在较短时间里完成工业化、城市化、现代化进程的内在的规律,这也是哲学社会科学工作者的任务所在。哲学社会科学工作者不仅要对现实提出批评性意见,更重要的是能够对现实提出更多建设性、改良性、完善性和修复性的意见。

三是价值建设要进一步加快。物质财富无论在国家层面还是个人层面都在迅速增长,但精神世界的建设和充实不足。随着对外开放的进一步扩大,思想文化领域的交流、交融和交锋日益频繁。与此同时,国际上各种敌对力量除了政治施压、经济制裁之外,现在还更多的从文化价值角度进行渗透。这就需要哲学社会科学工作者比以往任何时候都感受到价值确立、价值建设的紧迫性。怎么生产更多的精神文化产品来支持人民群众在精神上的成长，如何加快价值构建，有效引导各种社会思潮和社会价值，怎样增强文化软实力来抗衡敌对意识形态的渗透，这些都需要哲学社会科学工作者进行思考和研究，做出理性的思辨和回答。

四是制度建构须进一步推进。中国现有制度在发展过程当中已初步显示其合理性、科学性和必然性，但社会主义这一崭新制度的整体设计与推进工作仍然十分艰巨，还需要很长时间来进行。特别是中国特色社会主义伟大事业的建设建立在政治、经济、文化不发达的基础上，这就决定了除了体现超越资本主义制度固有的弊端和局限之外，社会主义又承担了原先资本主义需要完成的现代化任务。所以，社会主义制度建设担负双重历史使命：一方面要超越资本主义的固有弊端和局限，另一方面又要承担现代化任务，在现代化进程中体现社会主义超越资本主义的优越性，实现更高质量、更加公正的现代化。基于上述情况，哲学社会科学工作者比以往任何时候都要坚定不移地推进理论创新，根据时代发展和实践推进不断实现马克思主义的时代化、现代化。

五是哲学社会科学应进一步繁荣发展。中国哲学社会科学是近百年来在接受西方现代知识体系的背景下逐渐形成的。新中国成立以后，我们初步形成了以马克思主义为指导的哲学社会科学体系，改革开放后更加注重国外新的知识要素，中国哲学社会科学实力在不断加强的发展过程中开拓了新的空间。这种变化和形势迫切需要哲学社会科学工作者比以往任何时候都要更加注重创新，拓展研究领域，丰富研究内容，创新研究方法，实现中国哲学社会科学的进一步发展。

地方社科院作为哲学社会科学研究的重要机构，地方社科院的科研人员作为哲学社会科学工作者中的重要队伍，必须在推进智库建设过程中，充分认识到所处的宏观环境和大的背景，在这些外部约束变量的调整中适应性地推动智库建设,只有这样,我们才能在整体趋势中把握住机遇,使智库建设登上新的台阶。

第二,要扬长避短,贴近大局,充分发挥地方社科院的比较优势。地方社科院建设新型智库遇到高校和政府研究机构的激烈竞争,在两面挤压的情况下,很容易形成两不靠的竞争劣势:学科建设比拼不过高校,智库能力又不如政府研究机构。如何扬长避短,服务大局,发挥社科院兼具两者的特点,建立自身的比较优势,这是地方社科院系统的广大工作者需要深思的问题。

首先,地方社科院加强智库建设,真正成为思想库和智囊团,需要扬长避短,充分发挥高校与政府研究部门所不具备的比较优势。高校基础学科研究实力强,拥有多学科综合优势,但大学的主要任务是教学工作,其整体的惯性思维导致高校对决策咨询研究还有些"偏冷"。这些年来高校虽然已经开始转型,但总的来看,推进速度还不算太快。而社科院既有一定的理论研究基础,又从事大量的对策研究,它和政府决策部门的联系更加紧密。因此,相对于高校来说,社科院更加贴近社会、贴近实践、贴近政府决策。此外,社科院的主要工作是社会科学研究,在许多研究领域都有专业研究队伍,也容易形成团队优势。

政府部门的研究机构虽然比社科院了解实际情况,但由于政府智库都是由在职和退休官员组成,研究的主题(往往是部门管辖范围和以前主管领域内的主题)和思维模式还存在着一些部门利益和官员思维惯性,暂时还难以完全独立思考问题。虽然有时他们提出的某些建设性意见比较容易提供给决策者,但往往局限于区域视野和短期的应急研究,独立性、前瞻性和国际性方面还有所欠缺。社科院与政府"若即若离"的关系,恰恰让社科院具备了智库作用的比较优势,在拥有前瞻和长期战略眼光的同时,突出研究的理论高度和国际视野。

其次,地方社科院要建成具有影响力的智库,就要突出自身在专业领域的学科建设和专家优势,结合智库特点推进科研组织创新,形成区别于高校和政府研究机构的不可复制的比较优势。如果社科院不能形成自己独特而不可替代的优势,很难相信政府部门会跨过自己的研究机构,或者不委托高校,而将研究课题交给社科院。

最后,地方社科院要建设新型智库必须在贴近大局、拓开大局中建立优势。贴近大局就是要及时把握区域经济发展情况,紧紧贴近领导的主要工作思路,从中找到自己的研究方向和重点。社科院的研究不管是短平快,还是中长期研究,都要朝大的背景方向靠拢,要贴近大局。决策咨询服务要了解动态,知道思路,把握重点,从而提高研究的针对性。拓开大局就是要根据社科院自身定位,在很多问题上站高一级,拓开一步。拓开大局是为了有客观清醒的态度,进行冷思考,真正成为冷班子。在社会发展规律等一些重要的方面,社科院应该有自己独立的、批判的见解,提出自己独到的判断分析和论证。

总之,在服务大局的过程当中,在加大服务力度的同时,社科院要注意既热又冷,热点要跟踪,冷思考也要拿出来;既近又远,既要贴近,但也要保持特色;既小又大,切入的角度很小,但能由小见大。只有这样,社科院才能在智库建设过程中,做到重大决策都有自己的思考、自己的话语、自己的影响。

第三,要夯实基础,有效供给,形成智库建设的综合配套保障措施。智库建设能否成功,最后的环节还是要看能否有引人瞩目的各种智库产品。只有不断推出符合社会需求的各种智库产品,满足政府和社会的决策需要,解决广大人民的精神文化需求,才能保证智库的影响力和生命力。而做到这一点,需要在学科发展和基础理论上狠下功夫,同时形成智库建设的综合配套保障措施。具体而言,它们包括以下几个方面:

首先,要加强学科建设,强化基础理论研究,夯实智库建设的基础。要对学科发展进行布局,形成科学合理的学科体系,通过学科发展来支撑智库建设。要进一步强化基础理论的研究,夯实智库建设的根基。没有扎实的基础理论研究,没有深厚的基础理论功底,智库建设就成了"无源之水、无根之木"。纵观国内外知名的智库机构,可以发现,知名智库同时也是基础理论研究的知名或权威机构,它们一般都具有国内甚至国际领先的学科研究,基础和前沿理论水平在学术界也具有领先地位。为此,智库建设要加强和夯实基础理论研究,加强和提升学科建设水平,加快对前沿理论的跟踪和掌握,不断学习和掌握最新的科研方法和手段,占领国际国内学术前沿和制高点,同时,又要通过国情地情调研,推动理论与实践的结合,拓展基础理论研究的深度,全方位夯实智库建设的基础。

其次,要不断推出符合各种需求的有效智库产品,通过标志性智库产品树立智库形象。要"按理"生产智库产品。所谓"按理"生产,就是智库研究成果应有较为强大的理论支撑,这才能体现出社科院综合学科比较齐全的特点,也能有效地区别于政府部门的研究室。同时,"按理"生产不应该是脱离实际的纯理论研究,而是将理论应用于实践,将实践升华为理论,充分体现理论与实践的有效结合,这又是社科院有别于高等院校的特色和优势所在。要"按需"生产智库产品。所谓"按需"生产就是要产销对路,按照党和政府以及社会的迫切需求推出智库产品,智库产品要有针对性、适用性和可操作性,要解渴解扣,管用实用,而不能是那些脱离实际的高头讲章,或是无法操作的海市蜃楼式的方案,力戒自弹自唱、自娱自乐。要"按势"生产智库产品。所谓"按势"生产",就是要开展中长期的战略研究,对未来经济社会发展的趋势进行判断,体现决策咨询研究的前瞻性、战略性和国际比较性。要"按急"生产智库产品。所谓"按急"生产,就是要瞄准党委和政府关心的热点问题和急迫问题,迅速提出有效解决问题的方案。也就是说,地方社科院在关键时刻应能够急政府之所急,想政府之所想,能够拉得出,打得响。

其三,要形成智库建设的综合配套保障措施。一是要对智库产品进行营销。俗话说,酒香不怕巷子深。但是,在当今激烈竞争的智库产品供应市场中,地方社科院恐怕还没有形成自身的品牌优势。因此,目前阶段恐怕还是要酒香仍要勤吆喝,如果不在营销上精心组织,恐怕很难扩大智库研究成果的影响。营销不是简单的销售,是需要策划和组织的,需要有一套管理的方法。二是要形成合理的体制机制。智库建设从长远来看,还是要靠制度推动,通过体制机制创新实现智库的持久发展,最终形成有利于智库功能完善的制度体系。三是要建立各具特色的专业队伍。地方社科院的智库建设归根结底还在于人,在于能否建立各具特色的专业队伍。这批队伍应能够随时响应社会发展对智库的多种需要,能够就某一问题迅速加以研究并给出有效答案。这批队伍的人员结构和梯队层次要合理,要有持续竞争力。

地方社科院在经济、社会转型中的智库作用

上海社会科学院智库研究中心[1]

地方社科院系统自 2006 年开始,以上海社科院向智库转型发展为引领,积极探索建立地方政府智库的路径,努力提升智库服务功能和水平,特别是在地方经济、社会转型过程中,通过各种途径和办法为政府提供政策建议,积累了不少成功的案例和做法。但是,在实践过程中,地方社科院系统仍然在体制机制、人才队伍、服务手段、合作交流等方面存在一些问题和障碍,它们有待在今后得到进一步的改进和完善。

一、地方社科院系统的智库转型之路

(一) 地方社科院转型的必要性

1. 中央和地方的重视与要求需要地方社科院进行转型

2004 年 3 月,中共中央发出《关于进一步繁荣发展哲学社会科学的意见》(以下简称《意见》)。《意见》强调指出,在全面建设小康社会、开创中国特色社会主义事业新局面、实现中华民族伟大复兴的历史进程中,哲学社会科学具有不可替代的作用,必须进一步提高对哲学社会科学重要性的认

---

〔1〕由上海社会科学院智库研究中心王健、沈桂龙、陈骅执笔。

识,大力繁荣发展哲学社会科学。《意见》指出,哲学社会科学的研究能力和成果是综合国力的重要组成部分,哲学社会科学与自然科学同样重要,繁荣发展哲学社会科学事关党和国家事业发展的全局。

在高度重视哲学社会科学的同时,《意见》也对哲学社会科学发展提出了要求。社会科学工作者应坚持解放思想、实事求是、与时俱进,积极推进理论创新,推进哲学社会科学与自然科学的交叉渗透,推进哲学社会科学不同学科之间的交叉渗透,加强哲学社会科学宏观管理体制和微观运行机制建设,深化哲学社会科学研究体制改革,整合研究力量,优化哲学社会科学资源配置。《意见》进一步指出,地方社会科学研究机构应主要围绕本地区经济社会发展的实际开展应用对策研究,有条件的地方可以从事地方特色的理论研究。地方政府为了响应中央的《意见》,也纷纷出台繁荣哲学社会科学的文件,就繁荣发展哲学社会科学的指导思想、战略目标、主要任务以及如何推进马克思主义理论研究和建设工程等一系列重大问题作出总体规划和部署。

党的十七大报告进一步明确指出,要繁荣发展哲学社会科学,推进学科体系、学术观点、科研方法创新,鼓励哲学社会科学界为党和人民的事业发挥思想库作用,推动我国哲学社会科学的优秀成果和优秀人才走向世界。这也是历次党的代表大会中对哲学社会科学的最长表述,表明中央对哲学社会科学的发展寄予厚望,并对哲学社会科学的发展提出了明确要求。而要实现哲学社会科学的繁荣和持续发展,就必须对哲学社会科学界的现状进行改革,需要作为哲学社会科学重要研究力量的地方社科院进行转型,使地方社科院的发展走上良性发展的道路。

2. 哲学社会科学的自身发展需要地方社科院进行转型

人类历史上一场伟大的变革后一般都会伴随着一种新的意识形态的问世。中国的变革与发展取得了辉煌成就,但迄今为止还没有一个成熟、有力、系统的学理对此进行解说，还没有一个意识形态、精神系统、话语系统与这个伟大经济发展和变革的成就相匹配、相对应。中国的发展道路不同于西方，它有着自己的原创性、独特性，不是西方资本主义现代化道路的简单拷贝，哲学社会科学需要从中国发展模式中总结出背后规律性的东西，需要在变化的实践中不断发展，推陈出新，需要不断满足广大人民群众的精神需求，为他们提供核心价值和思想。党的十七大报告提出，要建设社会主义核心价值体系，积极探索用社会主义核心价值体系引领社会思潮的有效途径，主动做好意识形态工作，既尊重差异、包容多样，又有力抵制各种错误和腐朽思想的影响。事实上，现阶段的哲学社会科学也面临着自身转型的问题，需要走出学习、阐释和运用西方理论的阶段，对现有知识资源进行整合，融会贯通，形成具有中国特点、中国特色的当代人文社会科学系统，实现中国社会科学、人文社会科学的本土化。

党的十七大对科学发展观进行了全面阐述，这不仅是党的实践在理论上的深化和发展，而且是哲学社会科学的进一步发展，此外，它也为哲学社会科学的自身发展指明了方向，成为哲学社会科学发展的行动指南和指导纲领。当前中国特色社会主义建设事业方兴未艾，经济、政治、文化、社会处于日新月异的深刻变革中，伟大的社会实践为理论创新提供了沃土，并且呼吁科学理论成为实践的先导。地方社科院作为哲学社会科学研究领域的重要力量，必须顺应哲学社会科学发展的历史潮流，响应哲学社会科学发展的转型需求，必须适时推动地方社科院的发展转型，以科学发展观为指导，着力实施体制机制创新，推出一流科研成果，成就一批决策咨询人才，形成符合社会实践发展需要的研究机构。只有这样，我们才能确保地方社科院存在的意义和价值，才能让它在哲学社会科学研究中拥有一席之地。

3. 社科院面临的挑战和差距需要自身进行转型

地方社科院目前面临激烈的竞争和挑战。随着决策的民主化、科学化和程序化，以及经济社会实践的日益多样化、复杂化，各类决策咨询服务机构应运而生，社科院占主导优势的格局已经被打破，党政部门研究咨询机构有了较大的加强，其他行政部门也加强了研究力量。这些新成立的研究部门有着自己非常擅长的研究分析领域，无论是企业还是政府部门研究机构，它们(特别是金融领域的银行证券等机构)的研究力量已不低于社科院。与此同时，高校也在加强决策咨询服务力量，服务政府的专业门类不断增加。

更值得重视的是，地方社科院的学科建设与高校差距拉大，一方面和原有领先者距离越来越远，另一方面又和后来者的差距不断缩小。这不仅表现在国家社科基金的立项数目上，还表现在各类代表性的奖项上。在作为应用学科支撑的基础理论上，社科院的发展缺乏后劲，在体系、方法和标准上没有取得长足进步，这给应用科学发展带来了障碍。比如说，高校经常会有一轮又一轮考核、评估、验收，这种强烈的外部约束和相互的激烈竞争，使得整个高校学科发展的规范性、标准化和严谨程度大大提高，但社科院缺乏这种标准化的管理和评估程序。社科院作为介于政府研究机构和高校之间的研究力量，并没有体现理论和对策的双重优势，反而受其所限，既不能发挥基础理论的优势，又缺乏决策咨询服务的长处，优点不能彰显。总体来看，社科院学科体系构建缺乏整体布局，一些优势和特色主要是依靠过去传统积累所形成的巨大惯性在运行，新兴学科建设缺乏统筹考虑，许多团队建设出现断层。

社科院面临的挑战和差距需要通过转型来解决、缩小。如果不及时转型，尽早转型，社科院就会在竞争中日益落伍，会在理论界和政府决策中不断被边缘化。也只有通过转型才能解决社科院在目前发展中存在的问题，奋起直追,提升影响,为自身发展创造新的活力和动力。

(二) 社科院系统转型的智库选择

在当今国际重大事务中,智库的研究和报告越来越成为政府决策所参考的重要依据,智库的地位在不断提升。从中国发展的现实和智库的一般特征来看,地方社科院转型为智库不仅符合国际潮流,也是地方经济社会发展的需要,同时它还是地方社科院根据自身特点作出的正确选择。

1. 国际智库的价值和作用

智库源于国际社会"头脑产业"(think tank)的概念,在我国也称"思想库"或"智囊团"。智库是经济高度发展和社会高度分工的必然产物,尤其是在经济发展势不可当、社会转型正在加快、文化差异日益突出的关键历史时期,决策层和决策者就更加迫切需要智库提供各类有针对性的宏观或微观的决策咨询意见和思路。由于决策层和决策者往往集中在政府部门、军队、政党组织以及立法机构,因此智库的影响力往往具有较大的公共性,也被公众和学者视为与立法、行政、司法以及媒体影响力并列的"五种权力"之一。这种"权力"如果运用得当,就对经济发展与社会进步具有重大的意义和价值。

国际经验表明,智库具有强烈的国家利益特征,高水平智库的存在和影响是一个国家和民族软实力的重要象征。对于代表国家经济和社会形象的政治中心或经济中心城市来说,是否拥有高水平的智库也是体现其国际化水平的关键要素。因此,地方社科院系统建设社会主义新智库成为转型的必然取向,是符合国际潮流、形成中国和地方特色智囊机构的重要选择,也是提升服务地方经济和社会水平的重大举措。

2. 区域经济发展中的问题应更多由地方智库予以解决

当前无论是科学技术的日新月异,还是全球化时代国际政治、经济格局的急剧变化,以及我国社会发展进程中经济、社会、区域等结构性因素的改变,都可以用快速、复杂来概括。多变的时代不断生发出很多新情况、新问题、新挑战、新机遇,在中国的发展已经成为一种可以改变国际格局的关键性因素的情况下,国际社会时时作出对于中国发展趋势的判断,其中虽不乏中肯之言,但也有错误理解。因此,尽管我们可以充分借鉴国际智库的一些真知灼见,但并不意味着可以指望国际智库能够帮助我们实现中国的国家利益,更大程度上我们需要有自己特色的智库,通过自己的智慧提出解决各种问题的方案。区域发展是中国整体发展的有机组成部分,地方面临的各种问题和矛盾具有全国层面的共性,但也有着区域层面的特殊性,这需要地方社科院发挥智库作用,为政府决策提供依据和指明方向,在快速变化中迅捷地提出各种解决方案,以有效应对经济社会发展中的各种新情况和各类新问题。同时,地方社科院要对中长期问题进行深入研究,形成战略性预判和预案。

3. 地方社科院转型为智库是一种现实的必然

智库的服务对象主要是决策部门,其研究成果既具有理论思维的严密性,又符合实际运用的要求。从目前科学化、民主化决策的需要来看,改革开放初期的一边探索一边发展的模式有必要与时俱进。随着决策运用于实践的发展,原先对社会科学理论与实际结合的要求必然进一步升华为智库直接提供过硬的决策咨询产品。但目前相对于实践需要而言,决策咨询产品的供给却存在着一定的不足,社会科学研究各支队伍的功能也不甚清晰,这就迫切需要功能定位更加专业、资源配置更加灵活、服务指向更加明晰的新智库的出现。地方社科院作为专业的社会科学研究机构,既不同于高校,以教学为主,也不同于政府的研究机构,完全围绕政府交办的各种应急性课题,而是介于两者之间,和政府既近又远,冷热适度。这就使得地方社科院建设社会主义新智库成为一种现实的必然,在解决应急性问题的同时,强调科研成果的针对性,以中长期的战略研究为重点,推出符合实际需求的、接受实践检验的思维成果。实际上,地方社科院在服务地方经济社会发展过程中,已经积累大量经验,储备了不少人才,得到地方政府的信任和支持,这也使得地方社科院转型为智库成为可能。

(三) 地方社科院系统向智库转型的整体态势

在建设具有中国特色的新型智库的过程中,地方社科院作为介于大学和政府之间的独特科研力量,向智库转型势在必行,而且相较于其他哲学社会科学研究机构,此种转型有着更迫切的意义。地方社科院也只有通过转型为具有时代特征、中国特色和地方特点的新型智库,才能在区域层面、全国范围直至世界平台上发挥自身应有的作用,才能真正为地方经济社会发展贡献自身力量,才能够对中国发展做出应有贡献,也才能取得一定的国际话语权。正是在这样的形势背景下,全国地方社科院纷纷探索智库转型之路,至少已有3/4的单位提出了智库建设目标。

在探索智库建设之路的过程中,各地社科院经常举行以智库转型为主题的业务研讨。近几年,全国地方社科院院长联席会议和全国城市社科院院长联席会议常常将论坛的主题与智库建设挂钩,通过交流和探讨,取得智库建设经验,形成智库发展的共识。譬如,2008年全国社科院院长联席会议就设立国际智库院长论坛,通过探讨智库功能转型交流智库建设经验;2009年,该论坛直接以"西部开发与智库建设"为主题,交流和探讨地方社科院的智库建设如何在西部大开发中发挥作用;2010年的全国社科院院长联席会议虽然没有直接以智库建设为主题,却将深化体制机制改革、繁荣哲学社会科学与智库转型和发展结合起来;2011年的全国社科院院长联席会议的院长论坛,主要议题就是交流智库建设经验、如何发挥地方社科院的智库作用。全国城市社科院院长联席会议也常以智库建设为会议主题或话题,如第21次院长联席会议,其论坛主题就是"整合社科资源,建设新型智库",在2009年和2010年召开的全国城市社科院院长联席会议上,院长论坛的交流将智库作用和金融危机以及低碳城市建设结合起来。此外,还有其他各种专门就智库建设进行交流和探讨的论坛和会议,各类有关智库建设的文章、论文、专著也日渐增多,地方社科院还定期推出有关智库研究的内部刊物。总之,智库建设已经成为地方社科院的热门话题,成为工作经验交流和理论探讨的重要内容。

（四）地方社科院系统向智库转型的目标设定

目前,地方社科院系统正积极向智库转型,力求在地方经济社会发展中发挥重要作用。虽然从本质上说,各地社科院都要转型为现代智库,但从目标设定来看,它们仍然具有一定的地方特色,各自智库建设的路径也有所差异。

1. 直接提出智库建设目标

长三角地区的江苏社科院和浙江社科院都直接提出了智库建设的目标。江苏社科院提出建立新型智库的建设目标。他们树立"理论率先"的奋斗目标,强调思想库重在提出新观点、新见解与新思路,并确立了"科研为民"的工作理念。浙江社科院则提出了创新性智库建设目标,要求社科院为党委政府提供决策咨询服务、发挥思想库作用,成为地方政府的智囊团。

湖北社科院提出传统社科院要转变成新型智库,实现"两争"、"三出"。一争智囊地位,努力争做省委、省政府在某些方面的理论参谋,为其重大决策和工作指导服务,为两个文明建设和深化改革提供直接或间接的理论依据,真正起到"智囊库"、"思想库"、"理论参谋"的作用;二争学术地位,努力争取研究成果在全省乃至全国有较高的学术地位和影响。"三出"即出高质量的人才、出成果和出经验。江西社科院提出了新智库的建设目标,强调了新时期社科院要扮演的新角色,并要求自身通过新贡献发出自己的声音。

湖南社科院则以合格智库作为建设目标,2007年以来,该院一直在该目标指导下,积极为湖南经济社会发展献计献策。广东社科院提出建立一流智库的目标,深圳社科院提出要发挥智库作用,同时也认为智库和思想库是同一个意思,是相对独立、为政府决策提供服务的研究咨询机构,包含产生战略思想、提供应用对策、引领社会思潮、培育研究人才等职能。

2. 以"思想库"、"智囊团"为目标的智库建设

全国不少地方社科院在建设和发展过程中并没有直接提出智库建设的目标,而是以"思想库"、"智囊团"作为社科院的发展目标,这实际上体现了社科院的智库作用,是智库建设目标的一种体现。

北京社科院提出了当好市委、市政府的"思想库"和"智囊团"的建设目标,努力做到被党和政府"用得上、信得过、离不开"。河北社科院提出"为省委省政府决策服务、为经济社会发展服务、为基层服务"的办院方针,要求"出成果、出人才、出效益",成为省委省政府值得依靠和依赖的"思想库和智囊团",并把"省级一流、国内知名"作为奋斗目标。

东北的辽宁社科院和黑龙江社科院同样提出了"思想库"、"智囊团"的建设目标。辽宁社科院始终坚持探索面向地方、面向现实、面向市场、面向社会的办院道路,积极为地方经济与社会发展决策提供咨询服务,它要充分发挥思想库和智囊团的作用,为辽宁经济社会发展作出贡献。黑龙江社科院努力打造省委、省政府的"思想库"、"智囊团"。

广西社科院、西藏社科院、沈阳社科院等其他社科院也都提出了"思想库"、"智囊团"的建设目标,只不过有的社科院是两个概念同时并列提出,有的社科院单独把"思想库"或"智囊团"的目标提出。

二、地方社科院在经济、社会转型中的智库作用

(一) 提出重要的发展理念,参与重要的发展规划

福建社科院在省内率先提出建设"海峡西岸经济区"设想,引起了福建省委高层的高度重视,省委领导多次前往福建社科院听取专家意见和建

议,并指示福建社科院作进一步的深化和拓展研究。最终,"海峡西岸经济区"设想成了国家层面的"海西战略"的起点和推手。湖南社科院在金融危机和转型发展的关键时刻,积极响应省政府提出的"弯道超车"理念,通过课题和研讨会等形式为这一跨越式发展战略作论证和宣传,从而发挥了积极的智库作用,得到省委主要领导的肯定。再如,上海社科院紧紧抓住胡锦涛总书记视察世博筹备工作时提出的"后世博"要求,率先向市委主要领导提出积极开展世博后研究的建议,得到肯定性批示。此后,上海社科院又积极制定相关研究方案,并积极承担了世博精神的相关研究课题。北京社科院则积极响应市委号召,围绕"世界城市"这一北京市新的目标定位,专门成立了研究中心,努力开展相关研究。

(二) 以学者版等形式参与地方"十二五"等规划的制定

上海社科院积极开展了上海市"十二五"规划学者版研究,制定了 A 版和 B 版。山西省社科院参与了山西省政府工作报告、省"十二五"规划、综改试验区方案等主要文件的起草工作。辽宁社科院学者直接参加了辽宁省"十二五"规划的编写工作。吉林社科院专家学者直接参与吉林省长吉图规划的设计、编制工作、"百强镇"建设以及"十二五"规划的前期调研和论证工作,承担完成了《吉林省产业结构调整规划》等的编制工作。山东社科院承担了《山东省文化产业发展专项规划》、《山东省"十二五"经济社会发展规划》、上海世博会山东展馆布置等省重大任务的制定、策划工作。湖南社科院关于"十二五"期间湖南经济社会发展的阶段性特征的研究等成果得到了湖南省委主要领导的肯定。四川社科院对"十二五"时期四川经济社会发展、四川藏区跨越式发展和长治久安等重大问题进行专题研究,有 128 项对策建议获得省部级以上领导批示。贵州社科院组织专家参与工业强省相关文件的起草工作,并提出"十二五"时期 GDP 增长指标建议,得到了贵州省委、省政府有关领导与部门的重视和采纳。浙江社科院承担了"浙江省十二五规划中的社会建设与管理重大问题研究"、"新时期新阶段浙江政策创新的方向、重点及形态"、"关于推进社会主义核心价值体系大众化的研究"、"生态浙江建设"等 7 项课题,它们都是在省委领导直接指导下完成的。

（三）举办形势分析会

江苏社科院召开"江苏经济形势分析会",每年邀请江苏省委主要领导出席,会上专家高质量的发言已经成为省委决策的主要参考依据之一。浙江社科院的形势分析会以长三角发展为主题,浙江省委主要领导出席,会议成果得到各界的高度肯定。上海社科院与民进中央每年举办两次经济、社会形势分析会,就经济、社会的热点问题展开探讨。人大常委会副委员长严隽琪每次出席会议,并将专家的精彩观点综合后带进中南海,为党和国家领导人的决策提供建议。山东社科院每年召开"系列蓝皮书出版发布会暨经济社会文化形势分析会议",为山东的经济、社会和文化发展献计献策。

（四）加强合作,建立平台

北京社科院在北京市政府的积极支持下,建立了世界城市研究中心,作为综合性研究世界城市的协调机构和研究中心,该院每年发布课题,举行研讨会。上海社科院建立了智库研究中心,紧紧围绕地方社科院的智库转型和国内智库发展,认真借鉴国际智库经验,努力探讨中国智库发展之路,相继出版了系列研究丛书、专报,举办了国际智库论坛。广西社科院紧密围绕北部湾开放开发国家战略,与自治区湾办合作建立了北部湾研究中心,与上海社科院、北海市政府等在北海也建立了相应的研究机构北部湾发展研究院。河北社科院按照推进大部制改革的要求,将省委讲师团、省社科联并入省社科院,扩大了研究平台。山西社科院在山西省获批国家资源型经济转型综合配套改革试验区之后及时成立了综改研究中心,努力服务地方经济转型的需要。云南社科院在 2009 年正式成立"云南智库",设立了"智库项目"40 余项,为云南省的科学发展、可持续发展出谋划策。黑龙江社科院、甘肃社科院、内蒙古社科院与中国社科院加强合作,分别建立了各地的中国社科院国情调研基地,研究基地的工作与本院的科研工作形成良好的互动。

(五) 积极编辑专报

上海社科院整合了原有的 4 份专报,统一编辑出版《上海新智库》专报,其内容和质量相较从前的专报大为提升,领导批示率显著提高。山东社科院创办了直送省委省政府的内部刊物《呈阅件》和《科研要报》等,成为省委省政府的决策参考。河北社科院通过《决策建议》和《决策参考》两个直报件,建立了规范稳定的直报渠道,深受省委省政府领导肯定。山西社科院编辑出版直送省委、省政府领导参阅的《咨政览要》,许多决策建议受到领导好评。辽宁社科院的专报质量也不断提高,"十一五"期间获得副省级以上领导批示的应用对策研究成果以年均 22.7% 的增速增长,2010 年获得副省级以上领导批示的成果达 81 项,其中 8 项成果获得中央政治局领导和国务院领导的批示,有 17 项成果获得省委书记和省长的批示,有 56 项成果获得副省级领导批示。该院关于国家安全和朝鲜半岛问题研究的系列成果,先后得到中央领导同志的高度重视和肯定性批示,也为有关部门处理这些问题提供了重要的决策参考依据。吉林社科院的《决策咨询报告》有三分之一的决策咨询报告得到中央及省委、省政府主要领导的批示,部分报告被有关部门采纳或被列为省委会议参阅文件。江苏社科院《咨询要报》和《决策咨询专报》已经成为江苏省委、省政府的重要决策依据的来源。浙江社科院推出《智库报告》成果报送平台,以每月三期的频率向省委、省政府领导报送对经济社会发展中难点与热点问题的研究成果,并积极为省委重要会议准备形势分析报告和对策研究报告。安徽社科院编发大型送阅件《咨政》,作为应用对策研究的主要刊物,该专报受到省领导的高度重视。河南社科院编发《经济形势分析研究专报》,提供了大量的决策参考,就河南经济社会发展的重大问题向省委、省政府提交研究报告100多份,向省四大班子领导上报《领导参阅》40多期。云南社科院充分发挥《云南智库要报》、《云南社科要报》、《舆情信息》等研究报告的作用,开展了全方位、多层次、多角度的决策咨询研究。新疆社科院主办的《要报》、《专报》成为自治区党政领导的重要参阅资料。内蒙古社科院在《领导参阅》、《内蒙古舆情》上刊发的研究报告保持了较高的批示率。

(六) 出版蓝皮书和报告书系列

各地社科院都有各自特点的蓝皮书出版。河北社科院通过编撰《河北省经济社会发展形势分析与预测》五卷本蓝皮书,强化了省情研究。《内蒙古自治区经济社会发展报告》(经济社会蓝皮书)、《内蒙古自治区文化发展报告》(文化蓝皮书)的服务咨询水平不断提升。《吉林蓝皮书》被全省经济工作会议用作主要参考材料,《吉林绿皮书》是全国社科界的首创性工作成果。黑龙江社科院每年推出一本黑龙江经济蓝皮书、社会蓝皮书、农业发展报告、生态发展报告、旅游绿皮书,并在全省"两会"期间赠送人大代表和政协委员参阅。江苏社科院组织研究人员进行江苏经济社会形势分析与预测研究,出版《江苏经济社会形势分析与预测》蓝皮书,在省"两会"期间发行,成为人们了解江苏经济社会发展动态的参考读物。《浙江蓝皮书》系列丛书是浙江社科院省情研究的重大项目,是较早设立的应用对策研究品牌项目,也是较为成熟的汇聚科研及实际工作部门中的研究力量,发布经济社会发展态势分析及相关调查统计数据的专业平台,该丛书每年作为浙江省"两会"的参考阅读材料呈送代表和委员,具有较好的社会影响力。安徽社科院出版的《合肥经济圈蓝皮书》是研究合肥经济圈发展的重要读物。江西社科院出版的"江西经济社会发展蓝皮书"系列丛书等应用对策类刊物成为专家咨询制度的重要载体和实现形式。云南社科院推出的《云南蓝皮书》等系列丛书产生了较好的社会效益和重大的社会影响。陕西社科院的《陕西蓝皮书》是历时13年精心打造的资政优势品牌,2011年经由陕西省政府新闻平台发布后,受到了境内外新闻媒体的高度关注。甘肃社科院通过编研蓝皮书探索建立服务甘肃的长效机制,形成了经济、社会、舆情、县域社会发展、文化产业五本蓝皮书的基本格局。青海社科院全力打造《青海研究报告》、《决策视野》、《青海经济社会蓝皮书》三个应用研究平台,编发的研究成果得到省委省政府领导多次批示。新疆社科院针对每年新疆经济运行和社会发展中的难点、热点及重大问题开展深入研究,撰写出当年的《新疆经济社会形势分析与预测》蓝皮书并公开出版。这一研究成果在每年的自治区"两会"期间赠阅与会代表,引起有关决策部门及专家学者的重视。上海社科院的经济、社会、资源和文化四本蓝皮书系列长期关注上海的经济、社会和文化发展,关注四个中心和现代化国际化大都市建设,是上海"两会"期间与会代表和委员的必读资料和上海领导层决策的参考材料。目前该蓝皮书系列又增加了法制、传媒和国际城市发展三本蓝皮书。

(七)举行各种论坛

上海社科院每两年一届的世界中国学论坛已经升格为国家级对外宣传平台,由国务院新闻办和上海市政府联合举办。湖南社科院定期举办湖湘三农论坛,积极探讨湖南农村发展。北京社科院定期举办北京文化创意产业发展论坛,努力推进文化创意产业的理论研究,该论坛已经成为北京文化创意产业周的重要组成部分。江苏社科院举办的江苏沿海开发国际论坛和现代智库论坛,成为江苏省沿海开放和推进科学发展的重要学术平台。河北社科院通过举办"环渤海经济圈崛起研讨会"、"环首都绿色经济圈建设研讨会"、"燕赵文化创新论坛"等平台对重大问题进行集中研讨。

内蒙古社科院的中国内蒙古草原文化主题论坛,已经成为国内外草原文化研究的重要平台。黑龙江社科院举办的东北亚区域合作发展国际论坛、中俄区域合作与发展国际论坛、哈尔滨与世界犹太人经贸合作等国际论坛积极探讨黑龙江省的对外开放和经济发展,形成了自己颇具国际影响的学术研究交流品牌。山东社科院主办的"山东半岛蓝色经济区文化发展战略论坛"是我国研究海洋经济的重要论坛。河南社科院重视和加强有地方特色的基础理论研究,在突出特色、提升实力中发挥优势,举办了多场河南历史文化研究论坛。陕西社科院先后组织召开了"中国西部大开发十周年高峰论坛"等,与省内兄弟单位共同主办的"大关中论坛"和"省情报告会"已经制度化和常态化。

(八) 为地方政府直接提供智囊人才

地方社科院为地方政府输出了不少人才。福建社科院院长张帆当选为福建省政协副主席。上海社科院原党委副书记刘华出任上海市政府法制办主任,经济所副所长周振华和咨询中心主任朱金海分别担任市府发展研究中心主任和副主任,经济所研究员张道根担任市政府研究室主任,他们在上海市政府决策智囊层中构成了独特的"社科院群体"。安徽社科院原院长韦伟调任安徽省人民政府副秘书长、政策研究室主任。北京社科院原副院长梅松调往市委宣传部专门分管文化创意产业。江苏省社科院原院长宋林飞改任江苏省参事室主任。

三、地方社科院在推进智库转型、提升服务地方经济社会发展能力方面亟待解决的问题

地方社科院在推进智库转型、提升服务地方经济社会发展能力的过程中,也还存在不少亟待解决的问题,如体制机制束缚、人才结构不合理、考核体系不合理、对外交流和沟通不畅等,它们需要在智库建设过程中逐步

加以解决。

（一）体制机制还有待进一步创新

随着文化产业的发展，许多事业单位都在改制。以前每个省市的人民出版社可以保留事业编制，但现在除了中央的人民出版社、藏文出版社和盲文出版社外，其他都要转企。目前，事业单位改革再次被提上议事日程，包括社科院在内的事业单位都要重新定位、分类改革。

从社科院运作的具体机制来看，最近几年，在新智库建设中的有些做法也没有跳出模仿照搬高校规章的樊篱。教学科研向高校靠拢，很多做法照搬了高校模式，这使得社科院的智库特征不够明显。在科研绩效考核上，某些地方社科院也没有凸显社科院决策咨询的优势，一味强调理论研究，忽视了针对现实的对策应用研究。从运作模式上看，松散型的管理模式一方面削弱了院部的集中高效管理能力，另一方面又没有发挥各自的积极性，这使得社科院在管理上失之于宽、失之于软、失之于散，在重大主攻方向上难以形成高效的团队力量，发挥不出集体攻关的整体优势。

因此，各地社科院要在智库建设过程中打破原有体制机制的束缚，要进一步解放思想，更新观念，在体制机制上狠下功夫，形成有利于智库建设的创新体制和有效机制，从根本上解决智库建设的制度性约束问题，构建既能集中统一又能分散灵活的体制，建立有利于挖掘学术潜力、发挥集体攻关和团队优势的运作机制，真正发挥地方社科院的智库作用。

（二）符合智库特点的考核体系有待进一步完善

地方社科院在向智库转型的过程中纷纷探索符合智库特点的考核体系。但从目前的现实情况看，地方社科院往往陷于内部管理和约束的困境中，没有形成符合自身特点的科研考核体系。一方面，社科院要努力提供决策咨询服务，鼓励对策应用研究，另一方面，也要鼓励基础学科的发展，但怎样兼顾这两者，处理好学术影响力与政策影响力的关系，形成相对合理的考核体系,实践上并没有取得令人满意的结果。此外,在团队与个人、学术交流与学术活动等方面,也没有形成兼顾各方、满足各方要求的考核标准。行政管理人员的考核制度也需要制订和完善,从而形成与科研考核相区别,同时又能促进管理的科学的考核体系。

对于考核成果的质量和数量问题,如何真正做到以质量为本,在现有的考核体系中,它们很难得到有利的体现。在涉及长周期研究和推出高质量成果方面,现有考核体系也很难做到客观公正地度量。有关应用研究成果的质量,以及如何在评估体系中体现客户评价的作用,现有考核体系也没有很好地研究,特别是对一些没有社会评价的横向课题,怎样引入第三方评估,现有考核体系没有涉及。

总之,在探索社会主义新智库建设路径的过程中,不少地方社科院探索建立了一些颇具特色的考核体系,取得了不少成效,但尚未能最大限度地发挥激励作用,还需要在智库建设过程中进一步创新和完善。

(三) 与党委、政府的信息沟通渠道有待进一步畅通

地方社科院向智库转型,关键在于能否聚焦党和政府关心的问题,能否在服务地方社会经济发展的过程中发挥作用,能否产生社会影响力。这就需要地方社科院与党委、政府保持较为顺畅的沟通,相互之间形成较为密切的联系,形成较为固定的联系渠道。如果不加强沟通和了解,不知道党和政府所思、所想,脱离经济社会发展的现实,完全在书斋里做学问,那么就很难保证科研成果贴近现实,贴近党委和政府,智库作用也就很难实现。从现实情况看,尽管个别地方社科院能够列席省委常委会议,但就大部分地方社科院来说,它们与地方党委、政府的沟通联系还不顺畅,相互之间的信息传递渠道还比较少。

地方社科院与党委、政府之间的信息传递呈现流量往来的不均衡性。社科院向党委、政府传递的信息流量较大,而党委、政府向社科院的信息输

送相对较少。地方社科院通过各种形式传递给党委、政府信息，如内部专报、研究报告、蓝皮书等，但这种形式的信息传递具有单向性，双方的互动不够。党委、政府向地方社科院传输的信息相对比较零散。这种信息传递的双向不均衡使得社科院在沟通中处于被动地位。因此，地方社科院需要加强和党委、政府的沟通，主动通过各种方式接近党委和政府，比如加强年轻人的挂职锻炼、人员交流和轮岗、向党委和政府输送人才等，还可以加强与党委、政府外围关系网络的联系，间接了解党委、政府的信息，并逐步加强与党委、政府的联系。

（四）人才结构还有待进一步完善

地方社科院大多存在科研人才队伍年龄结构不合理的现象，一方面，老一辈有影响的学术大家或者退休，或者离开社科院，另一方面，中青年具有学术影响力的专家型人才属于凤毛麟角，和高校具有足够竞争力的后备队伍难以形成，一定程度上呈现青黄不接的态势。特定领域的专业人才培养力度仍然不够，社科院在专、精、特、深方面仍然没有体现自己的优势，有些学科的梯队建设仍不理想，在专业领域，社科院也没有通过学科建设形成足够的后备力量。不少已有的特色学科没有制订长远的人才培养计划，难以形成可持续的竞争优势。

从管理角度看，社科院的行政管理人才十分欠缺。社科院大多属于宣传部管理的单位，单位性质不尽相同，人员的待遇也有很大差别。但总体上看，除了在较高层级上与政府部门、高校有一定的人员流动，绝大部分中层管理人员仍然缺乏足够的管理专长。不少地方社科院目前只是通过内部循环让很多学者到行政岗位挂职，从而解决管理人才短缺的困难，这既造成了双肩挑两头软的毛病，不符合人才使用的比较优势，造成学术人才的浪费，也对原有行政岗位人员的积极性造成了负面影响，而且由于流动过快，管理岗位应有的职能难以充分发挥。

地方社科院要成为名副其实的新智库,必须进一步优化人才队伍。要紧密围绕智库建设目标,优化现有的人才结构,在用人机制方面进行创新,不断吸引有研究潜力的年轻人才,同时引进具有较高知名度的专家,要充分利用现有知名学者的影响力,在传帮带过程中稳定队伍,培养新人。要能够大胆使用和提拔行政队伍里的年轻人,在使用中培养,培养中使用,解决行政管理人才不足的问题。

(五) 与其他智库的差异化竞争优势有待进一步凸现

地方社科院在向智库转型过程中最需要注意的是突出自身优势,形成与高校和政府机构的不同特点,在差异化竞争中体现智库作用。但两个方面的因素使得社科院在发挥智库作用方面的差异化竞争优势还没有完全得到凸显。在与高校的横向比较中,一方面是社科院竞争力的衡量指标与高校和政府机构日趋雷同,社科院不仅在国家社科基金以及地方省市规划办社科项目方面与高校形成目标指向的一致性,还在论文和专著方面与高校形成相互间的比较和竞争。另一方面,高校也在扩大决策咨询优势,利用其在资金和人才上的规模优势拓展对策应用研究的空间。在与政府研究机构的横向比较中,由于近年来资金投入的不断加大,加上原有的政府背景,政府研究机构的决策咨询研究的能力不断提升。

在上述情况下,社科院系统的差异化竞争优势没有得到充分体现,这需要地方社科院在智库建设中培养和形成独具特色、难以拷贝的竞争优势,特别是建立某个领域、某个方面的强项,做到人无我有,人有我精,在错位竞争中强化社科院的智库作用。

(六) 智库的保障功能有待进一步加强

社科院作为全额拨款单位在获得资金投入方面不如高校,研究人员的整体工资水平也偏低,能够获得的组织资源和行政资源非常有限。我们要在力所能及的范围内解决职工关心的民生问题,时刻关注群众最关心、最直接、最现实的利益问题，最大限度调动群众推动科学发展的积极性、主动性和创造性，从而为智库保障提供强有力支撑。

此外，要发挥党组织的政治优势和保障功能。地方社科院系统对哲学社会科学作为上层建筑所具有的意识形态功能的把握能力还有待提高，这需要我们在推进智库建设和学科发展的过程中始终把牢方向，夯实基础，充分发挥各级党组织的政治保障和组织保障作用。这也需要社科院党组织积极发挥作用，通过引导和教育，使科研人员能够正确处理宣传纪律与学术自由之间的关系，努力为智库建设贡献力量。

研究篇

智库在政府决策中的作用

王荣华[1]

"智库"(think tank)又称"思想库",主要指以公共政策为研究对象,以影响政府决策和改进政策制定为目标,独立于政府之外的第三方非营利性研究机构。在西方成熟国家,智库作为一种相对稳定的、独立于政府决策机制的"外脑",广泛地参与有关国家经济社会发展和国际战略竞争的重大公共政策研究并提供咨询服务,在推动政府决策的科学化和经济社会健康发展方面发挥着至关重要的作用。我国的智库发展起步较晚,但最近几年,随着我国各级政府公共政策决策的科学化、民主化不断提速,我国的智库建设和智库研究取得较大的进展,"智库"一词开始频繁地出现在国内的各类报刊媒体上。

仅以2009年为例,国内有关"智库"的较大事件与较有影响的研究成果如下:

——2009年1月,《瞭望》周刊以《中国智库锋芒待砺》为题发表系列文章,对中国智库进行报道;

——2009年3月20日,"中国国际经济交流中心"(简称"国经中心")

---

[1] 作者系上海社会科学院原党委书记、院长,上海社会科学院智库研究中心主任。

成立,由前国务院副总理曾培炎任理事长,中心领导层不寻常的"豪华"阵容使得该智库被称为"中国超级智库"和"中国最高级别智库";

——2009年7月2日至4日,中国国际经济交流中心在京主办了"全球智库峰会";

——2009年7月,中国社科院马克思主义研究院等11家单位成立"中国经济社会发展智库理事会",并计划出版《智库通讯》、《智库丛书》、《智库报告》等研究成果;

——2009年7月,《新周刊》发表封面文章《一个国家的智商:欢迎中国智库时代到来》,引发了"中国无智库?"的争论;

——2009年9月19日,中央编译局在北京召开"中国式智库的现在与未来研讨会"。

一、智库的概念及其社会功能

1. 智库的概念界定

一般认为,"智库"一词最早是由美国提出的,最初专指第二次世界大战期间,美国军事人员和文职专家聚集在一起,讨论制订战争计划及商讨其他军事问题的军事服务部门,后来转而用来称呼那些从事独立的公共政策研究的各类学术机构。但也有人认为,早在18、19世纪,欧洲一些国家就已经存在以公共政策为研究目标的智库机构,如成立于1884年,后隶属于英国工党的费边社(The Fabian Society);成立于1831年,主要研究英国国际安全和防务的皇家三军防备研究所等这些机构专门为军方和政府服务,具有现代智库的某些特征。

但是,由于世界各国的具体政治环境不同,智库发育程度和承担的社会职能不同,直到今天,国际学术界对"智库"一词的概念也没有一个统一的界定,不同学者往往从各自研究领域和关注的重心出发,对智库的概念内涵进行不同角度的解读。如美国著名智库研究专家安德鲁·里奇（Andrew Rich）认为，所谓智库就是"独立的、不以利益为基础、非营利性的政治组织"。安德鲁·里奇的智库概念主要强调智库的机构运作特点，强调智库的"独立性"和"非营利性"。智库作为一种咨询研究机构，主要依靠专家的意见和思想来获得外界力量的支持并影响政策制定过程。英国学者詹姆士等人则强调智库的社会组织职能，认为智库主要是指那些从事于力图影响公共政策的多学科研究的独立组织，智库研究人员运用科学的研究方法对广泛的政策问题进行跨学科的研究，智库的首要目标是影响公共政策，在与政府、企业及大众密切相关的政策问题上提供决策建议。也有学者更多地强调智库的社会制度特性，认为智库是一种组织的安排（arrangement），企业部门、政府机构以及富人拿出经费，交给特定组织的研究人员，完成研究方案，影响政府决策，体现特定集团的利益。

综合西方学者关于智库概念的论述，我们可以从智库的机构特性、业务内容、价值取向和运作机制等四个方面分别对智库的概念进行界定。

首先，智库是一种稳定的社会组织。智库与传统的"智囊"、"文胆"、"谋士"相比，最大的区别在于它是一种社会组织，而不是个人。智库一般是以集体的智慧服务于决策的社会组织机构。智库所利用的是集体智慧，是通过充分发挥组织智商来实现其既定目标的，也就是，它通过专家、学者的聚集所产生的集体智慧服务于或者影响决策者，为社会、经济、军事、科学技术等的组织管理提供科学依据。一般来说，智库主要是将决策者、管理者的成功经验或知识集中起来，形成统一的形式化知识表述框架，以为管理者提供指导。有时就某些特定公共政策问题，智库还要吸收跨国界的具有不同知识背景和意识形态的专家，通过召开研讨会的方式，吸收各方意见，使政策思想、政策设计具有更广阔的视野和深度。另外，智库作为一种社会组织，具有相对稳定的组织架构，具有固定的工作地点和长期的运作能力。一些临时性的机构,如为某项政策决策而专门设立的专家论证小组或委员会等,虽然也是一种具有决策咨询服务功能的组织,但这类机构即使存在运作时间很长,也不能算作智库。

其次,智库的主要业务内容是政策研究。所谓政策研究主要是相对于纯学术研究而言的,智库一般不以学术研究、学科建设为己任,而是以解决现实性政策问题为主要的业务重心,强调实用性、时效性、对策性强的"经世致用"式研究。智库主要研究各类公众关心的或者关系国家地位和安全的政策问题,并就某些特定公共政策问题提出最优化的理论、策略和方案。为了增强研究的现实性,智库既鼓励学者个人的价值实现,又更强调集体合作式的研究。智库研究的方法可能多种多样,研究视角也可能各不相同,但其最终目的都是为了服务现实。

第三,智库以影响政府的决策为首要目标。智库虽然研究公共政策,却不像政府机构那样拥有实实在在的权力,智库本身没有行政执行能力。因此,智库只能通过为决策部门提供"智力产品",假借政府之手发挥其对社会运行的思想影响。可以说,智库是依靠"影响"而生存的,没有了影响,智库的价值也就不复存在了。为了达到影响政策决策的目的,智库的产品往往既讲深度,也讲速度;既搞大部头的著作,也搞短小精悍的政策性报告;既注重产品的质量,更重视成果的推广。一般来说,是否有新思想、是否有合理可行的政策建议、能否把成果推销出去,是衡量一个智库是否成功的"三大法则"。

第四,独立性是智库有别于其他政策研究机构的一个重要特征。虽然世界各国几乎所有的智库都具有某种特定背景,或者是政府背景,或者是党派背景,或者是某些利益集团背景,但是,在形式上,大多数智库仍然把"独立研究"作为机构运作的基本原则。如美国的大多数智库都是不受国家控制的独立法人研究实体。美国的这些智库无论是财团富豪出资建立的(如卡内基国际和平基金会),还是政府部门资助成立的(如兰德公司、国会研究部),抑或是社会名流倡议设立的(如布鲁金斯学会、传统基金会、卡特中心、尼克松中心),它们在体制上都是独立的,不受政府或财团的直接控制。智库的最高决策机构一般为理事会或董事会,理事和董事大多由大财团的经理董事、律师、学者和社会知名人士组成。

2. 国际智库社会功能的发展演进

在当代西方社会,智库对公共政策决策的影响越来越巨大,其社会地位也处于不断上升的过程之中。从国际智库在政府决策中所发挥的作用来看,世界各国的智库大致经历了一个从单纯服务军事战略到参与国际关系研究与外交决策,再到提供综合性研究服务的发展过程。早期智库研究的重点领域主要是军事领域。特别是在第二次世界大战期间,由于科学技术的进步,交战双方在先进军事技术的运用上开展了广泛的竞争,这迫切需要科学家和工程师参与参谋机构的工作和决策过程。如美国的"兰德公司"就是在第二次世界大战期间由美国空军资助创立的研究机构,战后逐步发展成为大型的智库。"二战"之后,随着世界政治、经济和安全形势日益复杂,智库在国家安全与国际战略研究中的作用越来越受到重视,特别是在制定国家的外交政策时,各国政府普遍将智库作为其外交政策选择与决策的重要智慧来源,采用一些智库专家的理念指导本国的国家战略方向。进入 20 世纪 90 年代之后,伴随着东西方冷战的结束和经济全球化不断向纵深推进,人类发展面临的全球性问题日益突显,同时各国的国内发展也面临更多的政策挑战,支撑政府决策的智库研究不得不重新确定其研究内容和进行组织结构的调整,其研究范围不仅仅包括战略、军事、国际关系研究,还包括当代政治、经济、社会等诸多问题。智库成为世界各国政府决策中不可或缺的重要力量,甚至有人把智库称为一国权力结构中继立法、行政、司法之外的第四种权力(一种说法则认为媒体是国家的第四种权力,智库是继立法、行政、司法、媒体之外的第五种权力,但不管是第四种权力,还是第五种权力,都可体现智库在国家决策中的重要作用)。

智库在政府决策中的地位的崛起一方面与日益复杂的国际政治经济局势及人类发展面临的全球性问题有关,另一方面也与世界各国政府的决策机制的转型密切相关。一般认为"决策的民主化"与"权力的知识化"是促使世界各国各类智库大发展的两大根本原因。

在传统的国家政治结构中,政策决策往往集中于国家的核心政治圈层内,政策制定是少数政治家与政府行政部门的特权,普通社会公众只能是政策的被动接受者。在西方国家普遍实行民主政治后,国家权力被划分为立法、行政、司法等三个相互制约的系统,国家的政策决策更多地体现社会大众的意见。但是,基于西方民主政治的固有缺陷,普通大众很难通过直接方式参与、影响国家的政策决策,于是智库作为西方国家实现决策民主化的一种方式逐渐受到重视。根据西方最流行的政治体系理论,政府的政策是社会中为数众多的利益集团之间博弈斗争的产物。利益集团是那些具有共同目标的个人为影响公共政策而结成的团体,诸如贸易工会、环保团体等。由于智库具有所谓的独立性和专家性质,使得它们能够站出来,通过专家意见来影响政策决策。这样,随着西方政治民主化进程的推进,智库在全球的影响也就越来越大。

与"决策民主化"相比,"权力知识化"对智库发展的推动作用更大。进入近代社会以来,随着现代社会系统性特征的日益明显,政策问题变得越来越复杂化,而解决这些问题也越来越多地依赖专业性技术力量,政府也逐渐意识到智库在决策咨询过程中的重要作用,政府寻求智库支持的必要性越来越凸显。这样,智库对一国的政治、经济、外交等决策的渗透也越来越深,在政府政策决策中发挥的作用也越来越显著。

3. 当代西方智库的主要社会功能

根据国内外学者的研究,智库在西方国家的社会功能主要表现在以下五个方面:

第一,提供新思想。智库又称"思想库",从事"思想"生产和提供新的政策主张是智库的核心功能。西方智库一般通过长期的系统研究和分析提出某种政策思想主张,并且反复地倡导,以期使这些主张获得公众的支持和决策者的青睐,为政府所接受和使用。特别是一些学术性智库,往往更强调其研究成果的学术性和理论性,他们提出一些具有这类特征的理论概念或者政策范式,比如"文明冲突"、"华盛顿共识"、"后华盛顿共识"等等。世界上最著名的智库兰德公司的创始人弗兰克·科尔博莫就曾经指出,智库就是一个"思想工厂",一个没有学生的大学,一个有着明确目标和坚定追求,却同时无拘无束、异想天开的"头脑风暴"中心,一个敢于超越一切现有智慧、敢于挑战和蔑视现有权威的"战略思想中心"。

第二,参与政府决策,提供政策设计方案。世界各国的多数智库大都以承担政府委托的研究课题作为自己的业务重心,并且经常围绕本国政府关注的国家内政外交、政治经济问题提出自己的政策主张,定期或者不定期推出有关具体政策问题的研究报告或书籍。智库参与政府决策的多少、提供的政策建议被政府采购的情况往往是判断一个智库是否成功的重要标准。在美国,大多数智库都会在总统就任前后公布其政策思想方案,以期对新政府的政策施加影响。如美国传统基金会在 1980 年推出的《领导者的使命》对里根政府产生了广泛的影响,政府官员曾经人手一册;大西洋理事会在 20 世纪 80 年代初发表的《今后十年的对华政策》报告,后来成为政府官员和专家学者中"主流派"的意见;进步政策研究所在 20 世纪 90 年代初期提出的《变革方案》则被克林顿政府奉为圭臬。

第三,引导舆论,教育公众。智库的专家学者大都是研究经济社会问题的精英人物,他们的思想观点和研究成果对于社会思潮的形成与发展趋势具有重要的影响。智库的社会思潮和社会舆论的推动和引导功能主要有下列运作手段与方式:一是出版各类读物。出版发行和传播出版物既是智库扩大其社会影响的主要方式,也是其收入的来源之一。智库通过这些出版物宣传自己的思想,影响社会大众对某些政策问题的看法。二是召开研讨会或展开培训活动。智库经常定期举办一些诸如国际问题研讨会、纪念会、报告会、培训班、讲座、答谢午宴这类的活动。通过这些活动,给社会公众与专家、政府官员之间构建一个面对面沟通的平台,达到交流思想,影响社会的目的。三是与媒体建立联系。在现代社会,智库对社会的影响力释放主要是通过媒体来实现的。智库学者通过在媒体上发表见解、文章,解读国内、国际问题和公共政策,客观上承担了舆论领袖引导、影响舆论的功能。在西方社会,媒体与智库是一种相互利用的关系。一般来说,媒体不具备对重大政策问题进行独立分析的能力,因而对于智库的研究成果具有非常强的依赖性,媒体需要借助于智库的观点和研究成果,拉高其新闻报道和评论的高度。另一方面,智库也需要媒体作为其研究成果的传播载体和沟通平台,智库正是通过媒体形成了其影响决策的社会氛围,可以说,与媒体的关系如何客观上决定了智库社会影响力的大小。

第四,为政府储存和输送人才。智库的核心是研究人员,可以说人才是决定智库生存与发展的最关键因素。因此,从这个意义上说,智库也可以称作人才库。一般来说,智库的人才功能主要体现在三个方面。一是人才培养功能。西方智库十分重视研究人员的培养,将"出人才"与"出成果"置于同等重要的地位,一些智库往往将培养了多少政治家作为其智库影响力的重要方面。许多智库也往往成为年轻人踏入政界的跳板,因为智库可以接触到大量的决策人物以及内部信息,并且可以培养年轻政治家分析问题和解决问题的能力。有的智库如兰德公司甚至设有自己的研究生院,很多智库还为年轻人提供"实习生项目",为初出茅庐的研究人员结交前辈、进行实践、历练才干提供机会。二是人才交流功能。这种方式在美国被称为"旋转门"现象,即智库核心成员成名之后,往往会被吸纳到政府决策部门,直接参与美国的政治决策,而原先政府决策部门的官员在退出政坛后,往往会在智库找到发挥余热的机会。通过"旋转门"作用,学界和政界、思想和权力之间得到很通畅的交流,从而有效地保证智库对国家政策施加影响。三是人才储备功能。这一功能与人才交流功能相互联系,特别是在实行两党政治的美国,一旦一个政党在选举中下台,其卸任的官员很多会到智库从事政策研究,在各大智库中调养生息,伺机而动,等待自己所认同的政党东山再起。

第五,开展"二轨外交"。由于智库具有独立的组织机构身份,而智库学者又往往与政界保持密切的联系,对政府的政策具有重要的影响,一旦政府在某些议题上难以直接出面解决,智库特别是一些从事国际外交战略研究的智库,往往充当政府替身,代替政府开展一些协调活动。这种现象也被称为"第二管道外交"或者"二轨外交"。"第二管道"以学者之间交流的面目出现,既不受政府政策约束,又因同官方有密切交往而具有半官方性质,它在当代国际关系中起着重要的媒介作用。在美国,智库参与国家外交已经非常普遍,许多智库为美国政府在国际上穿针引线,发挥了一些官方外交渠道所发挥不了的作用,甚至已经成为美国对外政策的一部分。特别是在外交关系出现大的波折,政府间谈判不畅通时,往往就会有美国智库的有关人士非常活跃地穿梭于世界各地。

二、中国智库的发展演进历程

在中国,虽然"智库"一词的提出相对较晚,但具有"智库"性质的机构却很早就存在了。最近,伴随着被称为"中国最高级别智库"的中国国际经济交流中心这一超级智库的成立,以及 2009 年 7 月的首届"全球智库峰会"在北京成功举办,智库一词开始频繁地进入人们的视野,有关中国智库发展的争议也开始引起社会的广泛关注。

1. 中国古代的幕僚机构

在中国古代,没有"智库"或者"思想库"这一说法,也不存在真正意义上的具有组织化和制度化特征的智库机构,但是,中国是一个拥有数千年文明的大国,有深厚的文化底蕴,同时中国也有着对智力与谋略高度重视的社会传统。从中国的古代典籍记载和统治者决策咨询的实践中,我们可以从中找到中国智库发展的雏形。

从组织体制来看,中国古代为决策提供咨询服务的活动主体大致可分为个体智囊人物和集体性智囊团两大类。中国古代的个体智囊人物的大发展缘于春秋时期的"养士之风"。我国战国时期大思想家韩非子曾经说过"上古逐于道德,中古逐于智力,现今逐于气力",他所说的中古一般认为就是指春秋时期。春秋时期的"百家争鸣",成为中国思想界的第一个黄金时代。在群雄争霸的激烈斗争中,王公诸侯们认识到"士"是决胜的重要因素,"天下诸侯方欲力争,竞招英雄,以自辅翼。得士则昌,失士则亡"。因此,他们广收有学问、有技能的人为其所用。这种养士之风在战国时期发展到了顶峰,代表人物是当时的"四君子"——赵国的平原君、魏国的信陵君、楚国的春申君和齐国的孟尝君。

也就是从"四君子"时期开始,中国古代的智囊制度也逐渐开始由个体智囊时代进入团体智库时代。当时虽然提供谋略的仍然是个体人物,但从决策者角度来看,他们已经开始有意识地让这些单个的谋士向群体化的组织转变。养士的统治者按照一定的目标和方式将具有特别知识和专长的人员组合成一个智囊集团,以集体的智慧来为其决策服务,使中国古代的智囊制度在个体智囊人物成群的基础上逐渐组织化、制度化。

从组织形成上看,中国古代的决策咨询机构又可分为松散的"非正式谋士团体"和国家专门设立的"智囊机构"两大类。刚刚提到的"四君子"的门客、幕僚就是典型的非正式谋士团体,在这种团体中,谋士需要通过主人的权势,追求人生的荣华富贵,进而实现个人的人生价值。人既买之,就要有用,因此幕僚们往往很讲求政绩。一段时间内,如果谋士不能让主人感受到你的作用,就得卷铺盖走人,这也造成了古代幕僚们普遍存在的急功近利心态。至于国家设立的专门"智囊机构",最早可追溯到秦汉时期的博士议政制度。"博士"一词在战国时就已出现,当时只是对学者的泛称。但到战国末期,为适应统一战争日益加速的社会局面,各国不得不礼贤下士以确保统治安全,在这种情况下,齐、魏等国都设置了博士官,使学识渊博的学者充任参谋和顾问,并确定他们的主要任务就是参与政议,辅助决策。据《汉书百官公卿表》载:"博士,秦官。掌通古今,秩比六百石,员多至数十人。"《续汉志》又载:"博士,掌教弟子,国有疑事,掌承问对。"博士制度是秦朝政治制度的一项创举和重要组成部分,它为适应秦朝政治实际需要而产生,并不断发展演变,对秦朝及后世的政治产生了深刻的影响。

唐宋时代开始出现谏官系统,谏官是专门以进谏为职务的,种类很多,地位也较高。唐朝自唐玄宗开始设立各种技能之士供职的机构——翰林院,"安史之乱"后,翰林学士地位愈发重要,不但在草诏方面分割中书舍人之权,且在得参谋议论方面分割宰相之权。翰林院制度一直延至明清,是中央政府的一种重要的决策咨询机构。明清时期,决策咨询机构有了进一步的发展,出现了幕府组织。幕府是由各级官员吸收知识分子作为自己的参谋、顾问形成的,幕府中的幕僚不是官,无品级,与幕主之间不是上下级的关系,而是主宾关系,而且幕僚是来去自由的。中国古代的博士组织、谏官系统、翰林院和幕府等智囊团在一定程度上承担着为统治阶级出谋划策,参与政事的职能,从一定意义上讲,它们具有"准智库"的性质。

2. 中国当代智库的产生与发展

新中国成立之后,我国仿照苏联模式建立起一整套具有中国特色的哲学社会科学研究机构体系。直到今天,这些研究机构仍然是中国当代智库建设的主体,并在政府政策决策中发挥着重要的智力支撑作用。从我国哲学社会科学研究机构的层次上来看,大致可分为国家、地方、民间等三个层次。中国社会科学院等中央级研究机构和全国性重点大学相关机构属于国家队,主要从事国家大政方针的全局性课题研究。而以地方社会科学院和地方高校为代表的机构属于地方队,其主要研究方向与目标是为地方的经济社会发展提供决策咨询服务。另外,从 20 世纪 90 年代开始,我国开始出现民办的哲学社会科学机构,如北京的天则研究所等,这些机构在各级政府决策中也承担着一定的决策咨询功能。据不完全统计,目前我国的各类哲学社会科学研究型机构约有 2 500 个,专职研究人员 3.5 万,工作人员 27 万。这其中除了哲学、语言和文学等非决策信息研究的机构外,以政策研究为核心、以直接或间接服务政府为目的的"智库型"研究机构大概有 2 000 个。

从我国智库机构的发展历程来看,智库在政府决策中发挥作用大致经历了四个阶段。在改革开放之前,由于特定的历史原因,我国没有真正意义上的智库,哲学社会科学研究机构在政府决策中发挥的作用不大。改革开放后,随着我国经济社会发展所面临的诸多政策性问题变得越来越复杂,中央制定很多改革方案需要大量的政策智囊和分析研究者,中国迎来了智库发展的"第一活跃期"。党和政府在经济改革和决策中开始高度重视政策咨询和相关机构的发展,一些智库研究成果在推动中国经济体制改革和经济社会发展方面发挥了重要的作用。另外,当前的中国各项建设事业进行得如火如荼,国家需要大量的知识分子进入国家有关政策部门甚至中南海参与决策制定和咨询,这推动了现代智库在官方层面的形成,比如国务院发展研究中心。另一方面,这些知识分子中有一部分优秀人士又抱着创建独立智库的热情,从国家政策研究部门中走出来,"下海"组建了中国第一批民间智库,而且体制内外也联手互动,如 1989 年 2 月,由马洪、李灏、陈锦华、蒋一苇、高尚全等经济学家、社会活动家和企业家自愿联合发起成立了综合开发研究院。

进入 20 世纪 90 年代之后,中国的改革开放进入攻坚阶段,对政策研究的需求也不断增加,从而驱动中国智库发展进入"第二个活跃期"。这时的中国智库不再像 20 世纪 80 年代那样仅仅关注国家大政方针的研究,而是进入多元化和多领域发展阶段,其中既有学术研究、政策分析,也有企业咨询和商业规划等。与此相适应,中国智库的体制类型也开始进入多元化阶段,大致形成了国家事业单位法人、企业型研究机构、民办非企业单位法人型研究机构和高校下属型研究机构等四大类。在这一时期,一些原来的智库机构也开始发生属性变化,如 1992 年,原隶属于海南省政府的中国(海南)改革发展研究院退出事业单位行列,走上社会化运行的道路;樊纲依靠中国改革发展基金会,成立了半官方的国民经济研究所;林毅夫离开中央农村政策研究室,靠福特基金会资助在北京大学创立了中国经济研究中心。这一时期,随着国家启动创建世界一流大学的"211 工程"和"985 工程",高校下属的智库机构也开始高速发展,国内重点高校纷纷成立了众多政策研究和咨询机构,从海内外吸纳了各种学科人才,通过研究政策问题、向政府部门汇报研究成果、公开发表文章出版著作,积极推动自身在国家和社会层面发挥决策咨询影响。

进入 21 世纪之后,随着我国国家经济实力的快速增长,中国为了适应日益激烈的国际战略竞争的需要,对智库的作用也越来越重视。特别是近年来,中国发展的国内外环境急剧变化,国民经济高速增长和社会深层次矛盾日益凸显迫切需要智库机构为国家各项政策提供智力支持。另一方面,经过数十年的发展,中国的智库研究机构也已经具备了一定的实力,创建国际一流智库的自主性也在不断增强。可以说,当前中国正在迎来一个崭新的智库发展的"黄金时代"。

3. 党和政府对中国智库建设的新要求

当前的中国智库发展可以说是一项"国家战略"。大力推进我国的智库建设不仅是国内经济社会发展阶段性的需要,也是提升国家"软实力",在参与全球战略竞争中谋求新优势的重大战略举措。进入新世纪以来,党和国家领导人多次对我国的智库建设和发展提出新要求,明确我国智库建设发展的方向。

——2002 年江泽民同志在考察中国社会科学院时的讲话

2002 年 7 月 16 日,江泽民同志在考察中国社会科学院时发表了重要讲话,系统地阐述了哲学社会科学对实现社会主义现代化和中华民族伟大复兴的战略意义。指出建设有中国特色社会主义事业要求我们必须建设一支强大的哲学社会科学队伍。一支由党中央直接掌握的进行哲学社会科学研究的专门队伍,可以成为党和政府的参谋和助手。

——2003 年李长春同志发表在《求是》杂志上的文章

2003 年 5 月,李长春同志在《求是》杂志上发表文章,指出:"要从贴近实际、贴近生活、贴近群众'三贴近'入手,改进和加强宣传思想工作。应抓紧建立思想库、智囊团,提高决策的科学化和民主化水平。"李长春说:"加强经常性、前瞻性的调查研究和战略性的思考,加强思想库、智囊团的建设,首先是形势发展的需要,也是提高宣传思想战线领导水平的需要。这个思想库、智囊团不是纯理论研究,是对策研究,就是给领导出主意,当参谋,就是联系当前实际,在理论和实践的结合上,拿出点子,拿出办法。"

——2004 年中央出台《关于进一步繁荣发展哲学社会科学的意见》

2004 年 1 月,中共中央发布《关于进一步繁荣发展哲学社会科学的意见》,在党的历史上第一次以中共中央的名义明确指出:"党委和政府要经常向哲学社会科学界提出一些需要研究的重大问题,注意把哲学社会科学优秀成果运用于各项决策中,运用于解决改革发展稳定的突出问题中,使哲学社会科学界成为党和政府工作的'思想库'和'智囊团'。"

——2004 年胡锦涛同志组织中央政治局第十三次集体学习

2004 年 4 月 28 日,胡锦涛同志强调:"我们一定要从党和国家事业发展全局的战略高度,把繁荣发展哲学社会科学作为一项重大而紧迫的战略任务切实抓紧抓好,推动我国哲学社会科学有一个新的更大发展,为中国特色社会主义事业提供强有力的思想保证、精神动力和智力支持。"他同时指出:"造就一支高素质的哲学社会科学队伍,是繁荣发展哲学社会科学的关键。……哲学社会科学界……要努力拿出无愧于时代的成果,更好地为人民服务、为党和政府决策服务"。

——2005 年胡锦涛同志强调要"进一步办好社会科学院"

2005 年 5 月 19 日,胡锦涛同志专门主持中央政治局常委会议,听取了中国社会科学院的工作汇报,强调要"进一步办好社会科学院"。

——2007 年党的十七大报告对哲学社会科学职能的描述

2007 年 10 月 15 日,胡锦涛总书记在党的十七大报告中明确指出:"繁荣发展哲学社会科学,推进学科体系、学术观点、科研方法创新,鼓励哲学社会科学界为党和人民事业发挥思想库作用。"

——2009 年 7 月国务院明确提出加强储备性政策研究

2009 年 6 月 17 日,国务院总理温家宝主持召开国务院常务会议,明确要求:"根据国内外经济形势变化和中长期发展需要,加强储备性政策的研究,提高宏观调控的前瞻性和针对性。"

——2009 年党的十七届四中全会关于智库建设的表述

2009 年 9 月 18 日中国共产党第十七届中央委员会第四次全体会议通

过《中共中央关于加强和改进新形势下党的建设若干重大问题的决定》中，明确提出："党的各级委员会……提高科学决策、民主决策、依法决策水平，加强党委决策咨询工作，做好重大问题前瞻性、对策性研究，……发挥咨询研究机构、专家学者、社会听证在决策过程中的作用。"

——2011 年党的十七届六中全会关于智库建设的表述

2011 年 10 月 18 日中国共产党第十七届中央委员会第六次全体会议通过的《中共中央关于深化文化体制改革，推动社会主义文化大发展大繁荣若干重大问题的决定》中，明确指出："坚持以重大现实问题为主攻方向，加强全局性、战略性、前瞻性问题研究，加快哲学社会科学成果转化，更好服务经济社会发展。"

三、制约中国现代智库发展的问题与瓶颈分析

在过去的数十年，不管是智库的类型、规模还是数量，中国智库都获得迅猛增长，已经进入一个快速发展的"黄金时期"。但目前我国智库无论是规模、地位，还是公信力、影响度都与国际上一些知名智库相距甚远，与我国政府和社会公众的期待也有相当大的差距，甚至有人认为我国根本不存在"真正意义上的智库"。

1. 中国当前智库发展存在的问题

综合社会各界对我国智库的批评，当前我国智库在建设和发展中存在的不足主要体现在以下三个方面：

（1）智库的独立性问题。根据西方的智库理论，智库应该是不受政府或者财团直接控制的独立法人研究实体，智库的最高决策机构往往是由大财团的经理董事、知名学者和律师组成的理事会。而当前中国的智库，由于体制上的原因，大多都是由政府出资或者与政府有密切关系的研究机构，或者称为"体制内"科研机构，智库的运作具有很强的"官本位"色彩。

由于官办智库的特点,例如研究资金来源于政府,研究者属于政府终身公务员或被纳入事业单位编制(中国智库95％以上吃财政饭),工资和职位由政府决定等,智库往往就会异化,并失去公共性或民间性的本质,成为政府政策的宣传者和诠释者,很难提出具有质疑精神的意见建议以及具有替代性的"储备性政策"。

在政府决策中,政策咨询服务也往往向官方智库倾斜,甚至为官方智库所垄断,民间智库很难进入政府的决策咨询领域,进而导致民间智库发育不足。即使是一些半官方的大学附属型智库,除非与政府部门保持较好的关系,否则也很难进入政府的决策咨询系统。中国这种"政府控制智库,智库服从政府"的体制在一定程度上降低了我国智库的社会公信力,其研究成果也往往受到社会的质疑。我国的一些智库或囿于权力的束缚,或惑于经济的"诱扰",总像在深海中潜泳,很难自由地呼吸,更难以独立地思考,许多学术研究或多或少都打上部门利益的烙印,研究成果有时失之公正。

(2) 智库的能力问题。除了独立性外,智库的能力不足也是中国智库经常受到社会诟病的地方。不可否认,近几十年来,中国智库为中国的经济社会发展、内政外交提供了大量的决策咨询服务,也发挥了应有的作用。但是,我国智库能力整体上还不强,特别是与国际智库相比,我国智库在贡献新思想、提供有创造性的政策方案方面还与它们有很大的差距。从2009年美国宾夕法尼亚大学发布的《2008年全球智库报告》来看,该报告按照自己的评判标准认为目前全球共有5 465家智库,中国大陆被认可的智库仅有74家,而美国则有1 777家,入选的中国智库数量不及美国的5％。虽然这一报告不足以说明中国智库的总体情况,但多少反映出中国智库质量和能力不足的现状。

《瞭望》周刊在2009年初关于智库的一篇文章中,列举了最近一些智库学者在近期经济预测方面的"拙劣表现",这也从一个侧面反映出人们对中国智库能力的印象。文章指出,中国智库在最近这次金融危机的预测方面存在许多失误。2007年下半年美国次贷危机蔓延,面对美方的宽慰之谈,中国主流智库大部分都相信此次危机"是暂时的",公开强调"这只是美国的问题,对中国影响不大";2008年7月,当国际油价将突破每桶147美元时,国内不少重要的能源研究机构都跟在国外分析家后面鼓噪200美元的年终预测,而2008年12月底每桶石油35美元的价格人让这些人无所遁形。智库的"拙劣表现"让人们彻底失去了对某些专家的信任。

另外,这些年不少专家信口开河,被公众讥为"砖家"。什么"春运铁路一票难求在于票价太低"、"学费太低不利于穷孩子上学"、"中国改革利益受损最大的是干部"、"中国的贫富差距还不够大,只有拉大差距,社会才能进步"、"取消养老保险、失业保险、工伤保险等福利,目的是保持大家的工作热情和能力"以及"土地红线有害论",等等,这些没有经过科学论证就随意发布的奇谈怪论极大地损害了中国智库和智库专家的声誉。据人民网的一项调查表明,80%的公众对专家学者包括一些著名专家学者的印象偏差、评价偏低。

智库研究工作的质量完全依赖于研究人员的能力。要保证一个智库的水平,智库机构必须拥有一批学有专才,潜心研究国内外形势的专业人才,只有这样,才能提供专业的优秀报告。国际上凡有所建树的智库机构也必然拥有一支高水平的专业研究团队。如兰德公司将自己的成就归功于有许多诺贝尔奖得主的高水平研究团队;布鲁金斯学会也拥有许多才华横溢的学者,这让它成为一个十分有影响力且深受称道的智库机构;英国皇家联合服务研究院(RUSI)以一贯的高质量研究而著名,它也拥有一个世界级的专家团队。应该说,中国绝对不缺乏高质量的学者,但如何将这些学者组织起来,组建成高质量的智库,可能还需要相当长时间的努力。

（3）智库的国际话语权。在当代社会,智库应该发挥的作用除了表现在参与国内政策的决策研究上,还体现在参与设定全球性议程的能力方面。从目前来看,我国智库在这方面还是比较欠缺的,具体表现在我国的智库在参与国际事务和国际重大问题的研究方面,能力不高,话语权弱小,难以与活跃在全球政治经济社会诸多方面的西方智库相匹敌。在一些全球性重大问题方面,中国的话语总是被西方牵着鼻子走,总在被动回应西方政府和媒体。中国智库在论述我方的观点方面相对弱势,在西方舆论界没有自己的话语权和议题设置能力。

2. 中国智库发展面临的体制机制瓶颈

中国智库当前存在的一些问题在很大程度上是由中国特有的社会运行体制决定的,在推进中国智库的发展的进程中,需要克服制约中国智库发展的机制瓶颈。

（1）智库发展定位不清晰。所谓解决智库的发展定位问题,就是要解决智库与政府的关系问题。从目前我国智库的发展定位来看,大部分智库都是受到政府资助的事业单位,必然会受到政府的影响和干预,但这并不一定影响到智库的独立性。正如在美国,智库虽然没有政府资金的直接支持,但其主要管理人员中有很多就是前政府官员。欧洲一些国家的智库则往往得到政府的直接支持。因此,智库与政府的关系不是非得划清界限,相反,应该是在相互合作中保持相对的独立。

（2）智库管理体制不健全。受到传统体制机制的影响,当前中国智库的运作体制还存在一些普遍性的问题和瓶颈,如科研考核体制,成果推销机制,人员交流机制等。在科研考核机制方面,由于传统的职称评定体系的影响,智库科研人员往往面对决策咨询与学术研究之间的冲突,科研人员为了满足科研考核要求,不得不在学术期刊上发表文章,而其取得的智库研究成果又往往得不到所在机构的承认,从而造成机构评价与社会评价之间的脱节。在成果推销方面,中国智库传统的手段以出版专著或者发表论文为主,而国际上知名智库往往更重视通过公共渠道发布成果,让政策思想更快捷地影响受众。在人员交流方面,西方的"旋转门"模式也不适合中国,智库人员与政府、企业之间的交流渠道不多,往往造成智库研究与决策层的脱节,影响智库研究的质量。

(3) 社会配套环境不完善。从根本上说,智库要发展,有两个非常重要的外部条件,一是要自上而下形成一个尊重专业独立性的政府决策氛围,二是全社会要有比较开放的公共空间,鼓励更多的专业人士参与决策。从目前来看,我国智库发展的社会环境还有待改善,首先从政府部门对待智库的态度来看,政府部门要么将智库视为可有可无的决策支撑机构,要么要求智库承担本来由政府部门承担的职能,为其提供全套的政策方案。从我国当前的社会公众来看,他们对智库的认识也存在诸多误区,往往将智库视为政府利益的代言人,而不是公共利益的代表。

四、中国智库未来发展的战略走向

当前,中国的智库建设已经进入了一个快速发展通道。如何根据世界政治经济发展的新格局及党和政府对我国智库建设的新要求,构建具有中国特色的社会主义智库体系,进一步完善我国政策研究体制,更有效地实现公共利益,将是摆在我们面前的重大课题。

1. 要坚持正确的政治方向

虽然世界上的大多数智库都强调自己研究的独立性,但国际知名智库从来不掩饰其机构的政治倾向性。我国作为一个社会主义国家,智库建设也就必须坚持明确的政治方向,也就是坚持四项基本原则,坚持马克思主义在智库研究中的指导地位。这种坚持无关智库的独立性问题,而是由人文社会科学本身所具有的鲜明意识形态决定的,可以说,坚持什么方向的问题,是中国智库发展的最根本问题。

2. 要切实维护中国的国家利益

在西方国家,很多智库标榜自己独立于政府和党派,但是从来没有智库会声称独立于它所属的国家之外,可以说,所有的智库都是围绕国家利益来进行工作和研究的。从当前世界各国智库研究的领域范围来看,虽然有些智库将部分研究力量用于涉及全人类共同利益的重大战略性问题研究,但各国智库的研究重心仍然是本国国家核心利益,特别是在涉及重大国际性议题时,国际知名智库的研究内容具有更强的现实性,其研究成果也具有鲜明的国家立场和政治价值取向。如在冷战时期,美国的智库研究大多集中于对苏联的战略研究上,"9·11"之后,关于美国国家面临的非传统安全问题、反恐问题的研究迅速成为各大智库研究的热点,当前关于伊拉克问题、能源问题的研究则是许多国际问题智库的研究重心。欧洲的一些智库则将欧洲一体化、中东欧国家的经济转型、北约在欧洲的作用等列为重要研究课题。日本的智库研究则集中于日本的国际化战略、亚太局势、东亚合作等议题。因此,未来中国智库也必须以中国的国家利益为导向,从国家的最高利益出发,服务祖国,服务于有中国特色社会主义现代化建设事业。离开了国家利益,中国智库的发展也就失去了发展的方向。

3. 要努力为公共利益服务

公共利益是衡量智库价值的重要标准。智库的研究及其成果往往涉及重大的政策制定和一系列制度的安排,因此,能否充分维护和体现公共利益是决定智库价值取向和社会公信力的重要尺度,也是智库自身发展的重要基础。为公共利益服务要求智库学者具有所谓的"责任意识",也就要求从事智库研究的专家、学者要有一定的社会责任意识,从国家利益和社会民生角度出发,独立思考、大胆直言,不要成为特定利益集团的传声筒和扩音器。专家学者一定要进行独立的思考、科学的论证,而不能被金钱所"收买",盲目跟从利益集团的价值立场,甚至为"五斗米折腰",出卖公共利益。

4. 要重视智库的品牌建设

智库的核心竞争力是创新能力和舆论影响力,而不是其规模和级别。随着世界各国智库机构的大量涌现,智库研究之间的竞争也日趋激烈,为了保持智库的核心竞争力与政策影响力,许多智库都将打造"拳头产品"、树立"智库品牌"作为一项重要任务。智库的"拳头产品"既包括一些特色研究项目,也包括一些有重大影响的学术刊物。目前,中国智库在品牌建设和核心竞争力塑造方面还非常欠缺,未来智库品牌建设将是中国智库发展的一个重要环节。这就要求中国智库要有明确的使命和目标,并以此来构建整体的形象和影响力,在全球范围内促进品牌的传播和推广。

5. 要树立智库的全球意识

当前,"全球化"和"全球治理"已经成为世界经济、政治领域的一大热门话题,智库研究的国际化程度也不断提高。许多国家的智库通过不断引入国际资源、加强国际合作,将"知"与"智"放到国际社会中进行探讨,以提高智库研究成果的质量,提升智库的国际影响。智库研究的国际化已经成为一种趋势,不少智库为了更好地支撑其国际化研究,在不断加强与其他国际智库交流合作的同时,也开始尝试到海外设立分支机构,构建面向全球的研究网络。在这种背景下,中国智库的发展也必须要具有全球意识。所谓全球意识分三个层面:一是智库的领导者要从全球视角考虑智库发展战略,加强与西方智库的交流与合作;二是专家、学者们研究政策问题时要有全球意识;第三是中国智库不但要影响本国政策,还要走出中国,影响世界。

五、地方官员如何利用智库进行决策

在公共政策决策领域,智库的作用越来越重要,作为地方政府的官员,要尽可能地学会与智库打交道,充分利用智库这一协助领导决策的"外脑",进行地区的政策决策。

1. 要在观念高度重视智库在政府决策中的作用

在当代社会,公共政策的制定是一个非常复杂繁琐的过程,政策决策需要考虑的因素大大增加,权力利益的博弈十分复杂。传统的拍脑袋决策和政府内部研究已经很难满足政府决策的需要。而智库作为专门从事公共政策研究的专业机构,其对全局性问题和公共政策相关方的利益的考量比较周全,依赖智库进行决策,能够有效地提高政府决策的科学性。特别是在国际金融危机之后,地方经济社会发展面临日益复杂多变的形势,这极大地考验着地方党委和政府的决策能力,而决策的信息来源、思想来源和事实来源又决定着决策的质量和水平,将智库纳入地方政府的决策参考体系将会大幅度地提高决策的科学性、平衡性和有效性。

2. 要尽可能地给予智库更多的独立研究空间

地方政府的政策决策往往具有一定的思维惯性,而在引入智库后,智库的有些研究成果和政策建议可能会与政府的原有政策存在较大的差异。在出现这种情况后,地方官员要尽可能地给予智库专家更多的研究空间,让他们从自己的角度进行科学的论证,拿出相应的政策方案,从而达到"兼听则明",优化原有政策的目标,而不要限制智库的研究。强求与原有政策保持一致就失去了引入智库参与政府决策的意义。

3. 要善于整合利用智库的研究成果和政策建议

说到底,智库参与政府的政策决策只是为政府部门提供可能的备选方案,最终政策如何制定还是由地方政府来最终确定。因此,作为最终决策者的地方官员要具有整合各方建议,从中选出最优方案的能力。当然,在现实中,可能并不存在最优方案,领导人做的任何一项决策都只能是某时、某地、某局势下的相对理性的产物,这就更加考验决策者的科学决策能力,在条件不断发展变化的情况下,他们要选择出最适合本地经济社会特点的政策方案。

4. 要有与智库方案相对接的行政执行能力

在政策方案研究中,智库学者往往会基于理想的状态考虑,提出一些超越地方政府执行能力的政策方案。作为地方官员,要具有良好的鉴别能力,千万不要好高骛远,贪大求洋,采纳一些根本无法实现的方案,导致决策失误。过去,中国一些地方政府的决策失误往往缘于地方政府领导的盲目决策,不经过科学论证就上项目,而在引入智库决策后,也存在智库不了解当地的情况,将在其他地方执行较好的政策或者方案盲目移植过来的情况,盲目采信也会偏离真正意义上的科学决策。

5. 要重视与智库专家建立经常性的联系

地方政府引入智库参与决策不能仅仅是单个项目或者是某一项政策的委托关系,由于地方政府的公共政策具有连续性,并且是一个系统性的社会工程,这就需要地方官员经常性地与智库学者进行沟通,对政策执行情况进行反馈,适时地进行政策调整。另外,地方官员与智库学者建立经常性的联系,通过一些非正式交流的方式,他们还会学习到有关政策决策的新思想、新方法,为地方经济的发展寻找到新机会。建议有条件的地方可在全国范围内建立相关领域的专家资源库,与这些专家保持经常性的沟通联系,举办不定期的交流活动。

6. 不要过度依赖智库,特别是操作性政策研究

虽然智库在当今的公共政策决策中扮演着越来越重要的作用,但是,智库参与决策也有其固有的局限性,特别是智库学者更倾向于政策思想和方案概念的引入,而对政策的具体操作方面比较陌生,这就需要地方政府的具体业务部门与智库机构通力合作,细化或者优化政策的操作方案。因此,地方政府对于智库的利用更多地在于开拓决策思路,而不是委托执行,否则将会起到相反作用。

我国新型智库建设与地方社科院科研转型研究

张　华[1]

智库,即智囊机构,也称"思想库"或"智囊团",是指由专家组成、多学科的、为决策者在处理社会、经济、科技、军事、外交等各方面问题出谋划策,提供最佳理论、策略、方法、思想等的公共研究机构,是影响政府决策和推动社会发展的一支重要力量。随着经济社会发展的日益复杂化,高水平的智库已成为一个国家、一个区域软实力的重要体现和标志。尽管各国的社会制度、意识形态等差异很大,但是智库作为国家战略的主要思想来源的角色定位却是共同的。无论是中长期的战略设计,还是突发事件的应急预案准备,或者是培育国民的理念等方面,智库都作为主要参与者参与其中的谋划工作。

中国以社科研究为主的研究机构承担着类似智库的功能,现在约有2 500家,从数量上超过了美国的1 800家,国外权威机构发布的《2010年全球智库评析报告》认可了其中的428家,居亚洲第一位。中国国际经济交流中心的成立,标志着中国的智库建设进入了一个新的发展阶段。总的来看,智库建设在西方发达国家已经发展得相当成熟,如美国外交关系协会、

---

[1] 作者系山东省社会科学院党委书记、院长。

兰德公司等,其研究成果对美国内政外交政策都有深远的影响。即使在一些发展中大国,其智库建设也有许多独到之处。中国智库及其对政策过程的研究虽然起步较晚,但也取得了一定的成绩。可以预计,随着社会问题和政治问题越来越复杂,政府也越来越重视决策咨询工作的开展,智库在决策过程中的作用将更加突出。

为加强自身社会科学研究的实力,提升服务党委政府科学决策的能力,我国不少社科研究机构特别是地方社科院提出了诸如"社会主义新智库"、"一流智库"、"高端智库"等发展目标,我们统统称为"新型智库"。新型智库是一种既不同于传统社会科学研究机构,又不同于党委政府政策研究部门,也不同于西方党派政治及民间研究机构的新型思想库和智囊团。它以理论创新为基础,以服务科学决策为目的,以前瞻性研究为重点,以成果应用转化为标准。其主要功能是为党和政府科学决策提供科学依据,为社会主义现代化建设提供智力支持。

加快推进我国新型智库建设,就必须认清新型智库建设中社会科学研究工作的新特点,进一步理清思路,转变科研方式,调整研究结构,实现科研转型。

一、新型智库建设中社会科学研究工作的新特点

新型智库的"新型"是相对于传统的社会科学研究模式而言的。与传统社会科学研究模式的经院式、重研究轻应用、重文献轻实证等特点不同,新型智库对社会科学研究提出了更高的要求,主要体现了以下几个特点。

(一) 前瞻性研究与时效性研究成为科研的主流

前瞻性即研究机构要深入研究地方经济社会长期发展所需要解决的问题。一是研究起点要高,视野要宽,要有超前意识,对环境变化和未来发展趋势作出深入的研究和判断。加强前瞻性和预判性研究,要求研究者必

须具有战略眼光,既立足当前又面向未来,超前考量问题,能够预见潮流所在和大势所趋。事物是发展变化的,社会科学研究不可能对所有发生的事情都预测准确,但这不能成为不作前瞻性研究的理由。二是开展前瞻性研究要脚踏实地。前瞻性研究能不能搞好,关键在于对深层次、带有倾向性问题的挖掘是不是够深,是不是能够反映实际情况。

时效性即对急迫问题以及党委政府关注的重要问题,必须集中力量,及时调查,快速反应,适时提供情况和建议,真正适应和满足决策者的需要。一是要做到快速反应,快速反应是时效性研究的首要特点,缺少了快速反应能力就没用办法搞好时效性研究。必须做到广泛搜集信息,对于一些可预见的或已经出现苗头、倾向的问题,应予以重点关注,提前搜集信息并进行分析。二是做到准确判断,对于搜集到的有苗头、倾向的问题要能够准确判断出下一步发展态势,提出解决思路供决策部门参考。

(二)突出创新性研究,不断适应形势发展新要求

创新是对旧事物或已有事物的变革完善,创造性地进行思维、行为、方式、方法等一系列流程的革新。从新型智库建设的角度看,创新也是对社会科学研究的流程再造,不断探索新办法、寻求新途径,使社会科学研究事业充满生机和活力。

创新性研究就是要善于站在时代前沿和决策主体的角度,深入研究、缜密思考、大胆探索,不断适应形势发展变化给社会科学研究工作提出的新要求。要跳出传统的社会科学研究思维定势,牢固树立智库意识,敢于并善于向领导提出战略性、综合性和创造性的意见建议。在研究方法上,要充分利用现代信息技术和手段进行资料的收集、整理和加工,为调研乃至决策提供快捷、全面、详实的信息资料;要综合运用经济学、社会学、信息论、系统论、控制论以及规划与优选、预测与评价、计算机仿真等方法,对已掌握的调查材料进行多层面、多角度的系统研究。

（三）重视开放式研究，与外界的科研合作越来越密切

新型智库建设不同于以往的"经院式"研究，要拓展智库发展空间，必须坚持开门办院，建立开放式研究模式。一是加强与实际工作部门和地市的联系合作，加强成果转化的公共服务，加强科研项目与成果转化的中介服务功能，加强为市县和企业提供咨询服务的能力，使研究成果更加密切联系实际，实现充分转化，服务现实需求。二是广大科研人员必须实现走出去，深入基层实际、深入群众，获取翔实准确的一手资料，只有这样，他们才能从实践中汲取营养、总结经验、升华理论。三是与外界的科研合作越来越密切，研究过程中不但要实施走出去，也要采取引进来措施，整合研究资源和研究力量，积极吸引非本单位研究人员，特别是高水平专家学者和实际工作部门人员参加课题研究工作，提升合作攻关能力和水平，高标准完成研究任务。

（四）研究成果内容与形式灵活多样

新型智库提供的研究成果形式多样，包括了研究报告、论文、著作、对策建议、规划设计、咨询意见、立法草案、参与起草的党委政府文件和领导讲话稿等成果形式。这其中以研究报告为主，研究报告可以及时有效地把研究成果上报，供决策者参考。在传统社会科学研究模式中占据主导地位的著作和论文由于发表周期较长，对于一些时效性强的项目来说，等到发表出来再提交有关部门供决策参考为时已晚，新型智库所发表的著述一般起到提出重大思路观点和出谋划策的重要作用，使研究成果为更多的决策人所参考运用，使实际部门能够操作使用。

根据研究性质的不同，研究成果的篇幅可长可短。战略性研究、前瞻性研究涉及到繁复的论证，所形成的报告涵盖面较广，务求论点明确，论述充分。而时效性研究、突发问题研究以及时、准确、有效说明问题，提出解决方案为目的，特别是提交领导作决策参考的研究成果，篇幅不宜过长，以

用简练的语言提出对策建议和思路措施为佳。

二、推动新型智库建设需要正确处理的几对关系

加快新型智库建设,推动科研工作转型,并不是完全与传统的社会科学研究模式割裂开来。推进新型智库建设就必须正确对待、衔接、重视和处理好以下几对关系:

(一) 应用对策研究与基础理论研究的关系

基础理论研究和应用对策研究不是对立的,而是相互作用,相互依存的。以应用对策研究为导向,把社会关注、领导关切、群众关心的热点、难点和焦点问题,作为重点课题进行深入研究、大胆探索并取得新的突破,为党委政府科学决策提供理论支持,这是新型智库建设应有的题中之意。

基础理论研究是新型智库建设的理论基础。在科研工作中,要同样重视基础理论研究,坚持瞄准学术发展前沿,优化学术资源配置,积极推进学术观点创新、学科体系创新和科研方法创新,不断开拓理论研究的视野,为应用对策研究提供坚实的理论基础和支撑。

积极促进基础理论和应用学科的交叉融合是新智库建设的重要手段。如果没有基础理论的支撑,应用研究的发展将陷于巧妇难为无米之炊的境地,而加强应用研究,会使理论研究具有更扎实的现实基础。对于应用学科,在鼓励其积极从事应用对策研究,服务决策之外,也需引导其从事学科基础理论研究,特别是研究学科前沿理论,用先进的理论武装充实自己,提高服务决策的理论水平。对传统学科,要积极创造条件,引导其转型,发挥学科特长,服务现代化建设,形成基础学科与应用学科互促互动发展的良好格局。

(二) 短期对策研究与长期战略研究的关系

地方社科院的特长是开展宏观性、战略性、前瞻性研究,为地方党委政府决策提供科学研究和理论支持。长期战略研究包括了对过去的总结,对

现状的把握和对未来的预测,是一项系统的研究工程,体现了地方社科院打"硬仗"的能力和水平。在研究过程中要整合优势力量开展联合攻关,拿出经得起时间考验的战略规划。

在新型智库建设中,地方社科院更多地承接了党委政府交办和实际工作部门委托的临时性、突发性的研究项目,即短期对策研究项目。这一类项目要求能够及时有效准确地提供短期或具体的理论支持和解决方案,此类项目研究的主要特点是研究周期短,时效性强,需要具备的是打"快仗"、"遭遇战"的能力和水平。这一类研究项目需要有经验的专家牵头,在较短的时间内,提出切实可行的对策建议。

长期战略研究和短期对策研究两者是相辅相成的,不能割裂开来看待。搞好长期战略研究,离不开对短期某一具体现实问题的掌握与判断,而做好短期对策研究,也离不开对宏观、长期战略的把握。但具体到某一时期,地方社科院应用对策研究的落脚点,必须始终放在对本地区当前经济社会发展需要解决的突出问题、重大问题的研究上。只有反映的问题突出,针对性强,紧迫性强,亟须立即着手解决,不解决就会出现严重后果,这样的研究成果才会引起地方党委政府的高度关注,地方社科院智库建设与应用对策研究才有实际意义和现实意义。

(三) 公益导向与市场竞争的关系

地方社科院是地方党委政府直属的综合性社会科学研究机构,是财政全额拨款的社会公益类事业单位。这一性质决定了社会科学研究的公益性,即从全局和战略的高度出发,围绕地方党委政府的中心工作和决策部署开展工作,把现代化建设中的重大理论和现实问题作为主攻方向,着力关注人民群众关心的热点问题。

同时,新型智库建设实施的是走出去战略,走开门办院的路子,这就要求地方社科院加强对市县和企业开展咨询服务,积极参与市场竞争。参与市场竞争不是简单的"等靠要",等对方找上门来,而是要主动联系,积极参与,组织精干力量开展研究。通过市场竞争为市县企业提供咨询服务既加强了地方社科院与市县企业的联系,对市县企业发展提出了合理化建议,推动了市县企业的发展,又锻炼了队伍,加深了省情的掌握,从实践中汲取了营养,总结了经验,为服务党委政府科学决策积累了素材。

三、我国新型智库建设中科研转型的基本思路

智库建设是一项长期的系统的工程,需要多管齐下,共同推进。在科研转型过程中,需要地方社科院和广大研究人员进一步解放思想、开拓创新、深化管理体制机制改革,紧紧围绕中心、服务大局,充分发挥"思想库"和"智囊团"的作用。

(一)始终坚持马克思主义的指导思想地位

我国正处在改革开放的关键时期,哲学社会科学的繁荣发展面临着难得的历史机遇,要始终坚持以马克思主义特别是马克思主义中国化的最新成果——邓小平理论和"三个代表"重要思想为指导,全面贯彻落实科学发展观,全面提升哲学社会科学工作者学习马克思主义、运用马克思主义的能力,善于把马克思主义基本原理同当代中国的具体实践结合起来,用发展着的马克思主义指导科研工作,自觉用马克思主义的立场、观点、方法分析和解决问题,不断提高对新形势的把握能力和水平。

(二)把解放思想、转变观念摆在突出位置

解放思想、勇于创新是新型智库建设的一大法宝。新型智库建设必须解放思想,转变观念。改变传统"等靠要"思想的束缚,自觉把思想认识从不合时宜的观念、做法中解放出来,大胆探索创新。要强化机遇意识、忧患意识、竞争意识和创新意识,转变研究观念,打破传统意义上纯学术研究的模式,牢固树立起智库意识,把研究目标统一到服务党委政府科学决策上

来,把研究重心转移到应用对策研究上来。要转变传统的研究观念,改变传统的关起门来搞研究的模式,树立深入生活、深入基层、深入社会的研究思维,在现实生活中发现问题、研究问题、解决问题,提高应对复杂形势和破解理论难题的能力和水平,成为党委政府"用得上、信得过"的智库型人才。要从既有的管理体制机制中解放出来,按照新型智库建设目标全面推进科研转型,促进结构调整。

(三) 围绕中心、服务大局,牢牢把握地方社科院的目标定位

把贯彻落实党委政府的决策部署和推动经济文化强省建设紧密结合起来,努力创新科研机制,不断提高研究能力。要紧密围绕地方党委政府的中心工作和决策部署,以深入研究解决现代化建设中的重大现实问题和人民群众关心的热点问题为主攻方向,在促进经济发展方式转变、节能减排降耗、社会和谐稳定、民生改善提高、文化产业发展、增强自主创新能力、提升综合竞争力等诸多方面,拿出一批高质量、高水平、有深度、有影响的应用对策研究成果,及时提出具有全局性、前瞻性、针对性、战略性的对策建议,不断提高科研创新能力和理论支持水平,为地方党委政府决策服务,为实践服务,为推进现代化建设提供理论支持。

四、新型智库建设中推动科研转型的对策措施

按照建设新型智库的基本思路,地方社科院要进一步完善体制机制,努力转变传统的规划式、滞后式、主观式研究模式,逐步建立起科学化、战略化、前瞻化、创新化的研究模式,实现科研体制向多功能、开放式、服务型转移,科研重心向应用对策研究转变,科研成果向多出精品力作转变,推动科研转型。

(一) 以应用对策研究为导向,选准切入点

按照《中共中央关于进一步繁荣发展哲学社会科学的意见》的指示精

神,地方社科院须把主要精力用在为地方党委政府决策提供咨询服务上,这是衡量地方社科院工作业绩的主要指标。这就要地方社科院必须以应用对策研究为导向,紧紧围绕中央和地方党委政府的中心工作选准切入点。

一是从中央对地方的全局性战略性部署入手选择切入点。中央对地方工作的指导一般是宏观层面的,部署的是具有全局性、战略性的重大任务。把这些任务完成好,不仅能够极大地推动地方经济社会的大发展,也对国家经济社会发展具有举足轻重的作用和意义。改革开放以来,中央先后作出了一系列支持珠三角、长三角、西部大开发、东北老工业基地、辽宁沿海经济带、黄河三角洲高效生态经济区等地区加快发展的战略决策,并把这些决策上升为国家战略。如何把中央的指示精神贯彻落实好既是中央所期待的,也是各级党委政府十分关注并要全力解决的。这方面有许多题目需要社科界专家学者结合本地区实际进行深入研究,破题解题,为地方党委政府科学决策提供重要依据。

二是从地方党委政府的中心工作和经济社会长期发展所需要解决的问题入手选择切入点。地方社科院关注研究的问题和主攻方向,大都属于本地区经济社会发展的重大现实问题,研究成果主要为地方党委政府决策服务。这就要求科研工作必须贴近省级党委、政府决策实际,研究领导关心的问题。不同时期,地方党委政府的关注点各有不同。为此,需要及时全面把握地方党委政府一个时期内的中心工作。围绕这些中心工作开展研究,研究起点要高,视野要宽,有远见、有创新。要有超前意识,对环境变化和未来发展趋势作深入研究和判断。由此切入和研究所取得的成果极易获得党委政府的重视和采纳,从而极大地提高科研成果转化率,也使地方社科院新型智库建设的作用充分显现出来。

(二)创新课题研究方式和课题组织机制,提升课题研究水平

课题研究的水平代表着新型智库建设的水平,课题成果的质量关系着新型智库建设的成败。课题研究作为地方社科院科研工作的中心环节,是决定地方社科院能不能生存和发展的大问题,没有一流的成果和创新的成果,地方社科院就失去了存在的价值和意义。课题研究工作既是地方社科院科研工作的中心点,也是新型智库建设的起始点。因此,必须把课题研究作为科研工作的中心任务来重点抓、长期抓,创新课题研究方式和课题组织机制,建立促进课题研究的长效机制,不断提升课题研究的质量水平。

一是创新课题研究方式。对地方党委政府关心、事关本地区经济社会发展的热点难点问题要及时立项,快速反应,由院领导或知名专家牵头,科研管理部门组织协调,打破机构界限,集中优势科研力量开展攻关,在短时间内拿出高水平成果,通过各种渠道上报党委政府参阅,充分发挥服务决策的作用。对于意义特别重大的成果,在进一步深入研究的基础上发表出版,充分发挥理论成果的指导价值作用。要强化课题跟踪研究和横向比较研究,注重选题的连续性、递进性和关联性,力求把课题研究透彻,确保课题研究真正实现见实效、出精品。

二是完善课题组织机制。要积极争取国家、省级科研项目立项。国家课题的立项与完成情况是地方社科院科研能力和水平的直接体现,要从申报环节就加大力度,精心组织设计,提高论证水平。对于立项成果要加大配套力度,为课题负责人圆满完成课题研究任务创造条件。在新型智库建设中,横向合作课题所占比例越来越高。要重视打造社科院咨询服务品牌,精心组织实施每一个合作课题,安排知名专家和学科带头人作为课题负责人统筹协调,整合院内外科研力量开展联合攻关。

三是从制度上完善各级各类课题的管理。科研管理部门要围绕新型智库建设建章立制,以课题的组织、部署、协调、管理、检查和服务为核心,不断加大工作力度,强化课题的质量保证,特别是与学术活动、基层调研、学科建设、科研考核等环节结合起来,进一步创新工作思路,提高社科院课题研究的质量和水平。

（三）加强调查研究，掌握国情省情

调查研究是社会科学研究获取一手资料的重要途径。新型智库建设对实地调研提出了更高的要求。地方社科院要搞好应用对策研究，就必须加大调研工作力度，通过搭建调研平台，规范调研活动，使科研人员深入基层、深入生活、深入实际，成为掌握国情省情的专家，这样才能积累足够的研究素材，完成党委政府交给的研究任务。

一是加强调研基地建设。受目前社科院体制因素影响，市级以下很少有专门的研究机构，科研人员到基层调研受到诸多不利因素影响，获取一手翔实资料难度较大，对于基层政府来说，它们也需要有专家学者来把脉当地经济社会发展中遇到的实际困难。通过建立调研基地这一平台，既方便了科研人员到一线获取研究素材，研究成果也为地方经济社会发展提供了智力支持，调研基地的设立是一种双赢的结果。

二是变"单兵作战"为"集团作战"，有组织地开展调研活动。在以往的调研活动中，大多是科研人员自发的行为，是为了某一课题研究需要而开展的，随意性较大。在新型智库建设中，调研活动要转变为有组织的常态化行为，要根据地方党委政府中心工作和经济社会发展热点难点问题征集调研选题，成立由知名专家为带头人的调研团队，科研管理部门负责调研、组织研究、重要研究成果信息的发布和成果报送以及联络工作，使调研行为有科学的指导，规范的机制，真正在调研中查找问题，提出解决对策建议，供有关部门决策参考。

（四）深化开门办院方针，扩大社科院影响力，为开展应用对策研究创造良好的外部环境

新型智库建设不同于以往的"经院式"封闭型研究，要拓展智库发展空间，必须坚持开门办院。广大科研人员必须实现走出去，深入基层实际、深

入群众,获取翔实准确的一手资料,只有这样,他们才能从实践中汲取营养、总结经验、升华理论。为此,地方社科院要深化开门办院工作,通过深化与厅局地市合作、举办学术活动、加大宣传力度等方式,扩大社科院影响力,为科研人员开展应用对策研究提供平台。

一是不断拓展与地市、厅局和企业的合作,将开门办院的方针落实到加强横向合作交流上。要积极参与政府部门的厅局、市县经济社会发展规划的制定工作和为企业制定发展规划,充分发挥地方社科院战略性、前瞻性研究的优势。要密切加强与地方党委政府政策研究部门的配合,积极承担和参与地方党委政府确定的重大调研课题,争取有关研究成果能直接进入决策,提高成果转化率。

二是主办和参与高层次学术活动。通过举办学术活动,加强与省内外高校、研究机构的学术交流和联系,扩大地方社科院的知名度和影响力。要积极为科研人员特别是青年科研人员参加高层次学术活动创造条件,通过参加学术活动,提升他们的学术水平,开阔学术视野,增进学术友谊,特别是增强社会科学研究为现实服务的本领。要注重学术活动成果的转化,发挥社会科学研究成果的重要作用,对在学术会议上交流的有价值、有影响的报告成果和对策措施,要通过相关渠道上报,供地方党委政府决策参考。

三是利用媒体广为宣传地方社科院重大成果和知名专家。要积极与媒体合作,利用广播电视、报纸刊物、网络媒体等传媒载体,扩大宣传力度,打造社科院应用对策研究的知名品牌,增强社科院的影响力。要积极主动与有关媒体建立长期合作关系和合作机制,办好学术性、理论性专栏,宣传推介重大研究成果和知名专家,用科学理论解决人们普遍关注的经济社会生活中的热点难点问题。要逐步建立适合地方社科院实际的,满足市场需求的科研成果推广应用机制,有价值的重大课题成果要根据情况及时召开新闻发布会、通气会,积极开拓科研成果应用转化的新途径。通过新闻宣传,树立社科院的智库形象,不断提升服务决策的水平。

(五) 拓宽成果转化渠道,提高成果转化应用率

科研成果转化难是新型智库建设中面临的突出问题,主要体现在两方面,一是科研成果转化率低,许多有很好应用价值和社会效益的研究成果停留在理论层面上,造成了成果与现实的脱节;二是科研成果转化速度慢,许多科研成果不能在第一时间应用于实践,而被搁置在一旁,长时间得不到应用,也就失去了其本有的创新性和时效性,大量有价值的科研成果变成了无价值的知识沉淀,造成了巨大的浪费。

要多措并举完善成果转化机制,把研究中取得的创新成果应用于实践,促进创新成果的转化,更好的服务社会,满足需求。一是要建立健全与党委政府的联络沟通机制,完善成果报送反馈制度,通过多种渠道、多种形式,把最新的调研报告、对策建议及时呈送到党委政府领导手中,为领导决策提供理论咨询服务。二是打造多渠道的成果发布机制。加强成果宣传是实现成果转化的重要环节,根据研究成果的性质不同,可以分别以社会决策参考、学术报告、科普活动乃至媒介宣传等不同形式对外传播,拓宽成功转化渠道,确保研究成果能够应用于经济社会发展实践中。

(六) 创新科研激励机制,完善成果考核评价机制

科研人员研究能力和研究水平的提升,离不开良好的内外部环境。加快新型智库建设,促进科研转型,推动学术创新,需要建立和完善科学、有效、合理的科研激励机制和成果考核评价体系。

一是完善鼓励学术探索、推动实践创新的激励机制。在以往的科研实践中,存在着重基础理论、轻应用对策研究的一些现象,从事应用对策研究的科研人员的研究成果在发表、评奖、评价等方面受到一些限制,从而影响了从事应用对策研究的积极性和主动性。要加大对精品力作的奖励力度,特别是加大对进入决策的成果的奖励力度,对获得重大经济社会效益、获

得省级以上领导肯定性批示,进入党委政府决策过程的成果予以重奖。

二是不断完善成果考核评价办法。通过科研业务考核、科研奖励、评先选优等多种形式,形成强力引导机制,鼓励广大科研人员多出成果、出好成果,创造出有深度、有分量、有应用价值的应用对策研究成果,提出具有战略性、前瞻性、适应地方经济社会发展需要的对策建议,真正发挥好党委政府的"思想库"和"智囊团"的作用。

三是完善制度保障。在认真总结经验的基础上,要把在多年科研工作中积累起来的一些比较成熟的政策措施,以院文件、规定、管理办法等形式加以规范,出台和完善科研激励政策,为推动理论创新和实践创新提供良好的外部环境和制度保障,调动科研人员开展应用对策研究的积极性、主动性和创造性。

(七) 加强科研团队建设,完善人才共享机制

建设新型智库离不开一流的人才,科研团队建设是新型智库建设的关键。要加强科研团队建设,着力营造吸引人才和用好人才的良好环境,创造让优秀人才脱颖而出的条件,培养一支富于创新意识和创新能力的优秀科研团队。

一是完善科研团队梯队建设。要充分发挥专家的传帮带作用,充分发挥专家的学术影响力,带动中青年科研人员迅速成长。要加大科研骨干的培养力度,围绕新型智库建设的要求,着力扶持中青年理论人才,在广大中青年科研人员中发现并培养优秀的学科带头人。要加强青年科研人员的教育培养,结合学科建设和新型智库建设要求,采取继续深造、短期培训、进修等措施,使青年科研人员科研素质和研究水平有较大提升,为新型智库建设提供坚实的后备人才队伍。

二是加强智力引进,完善人才共享机制。受体制因素的制约,社科院在人才引进方面不可能无限扩张,必须把目光放远,要引社会之智为我所用,建立多平台的人才共享机制,汇集各方面人才,不求为我所有,但求为

我所用。要进一步坚持开门办院,通过联办研究中心、召集论坛、举办学术会议、开展联合调研等形式,充分挖掘和利用社会优秀人才资源。

(八) 优化学科布局,夯实新型智库建设基础

科研成果和人才是以学科为纽带发展和成长起来的,学科建设是新型智库建设的基础。要适应形势需要,整合学科布局,完善学科体系,规范学科管理,夯实新型智库建设的基础。

一是整合学科资源,完善学科体系。要按照巩固、调整、发展的原则,优化学科布局,巩固具有地方特色的学科,促进传统优势学科创新,使传统学科增强活力,适应时代的发展。要加强经济社会发展急需的应用学科建设,发展优长学科,加大对新兴、交叉学科的扶持和培育力度,拓展学科分支方向,深化学科建设,使之成为科研发展新的增长点,带动应用对策研究的更新发展,逐步形成重点突出、结构合理、特色鲜明的学科体系。

二是规范学科建设和管理。要根据新型智库建设要求,加强和规范学科建设和管理,根据社科院发展需要,聘请专家对学科建设进行评估,确定一批重点和重点扶持学科,规范学科带头人和首席专家的选拔与管理工作,并严格按规定进行检查和考核。要通过一系列规范性举措,建立起学科评价机制和激励机制,根据学科建设和重点研究方向,对学科进行量化考核,考核成绩优异的,加大扶持力度,从而推动学科建设。要围绕学科建设和发展的要求培育优秀的学术带头人,加大青年科研人员培养力度,使其快速成长,提高科研队伍的整体素质和水平,为学科建设的可持续发展提供坚实的后备人才基础。

我国新型智库的建设任重而道远,既面临许多挑战,更面临重大机遇。地方社科院要大胆探索,勇于创新,形成鼓励创新、支持创新的良好环境和氛围,建立起"决策科学化,科学(理论)决策化"的智库服务决策模式,为社会主义现代化建设提供智力支持和理论支撑。

关于地方社科院建设哲学社会科学
创新体系的探索与思考

曾成贵[1]

建设创新型国家是党和政府的一项重要决策。创新型国家需要哲学社会科学创新体系作为支撑。我国"十二五"经济社会发展规划明确提出，"大力推进哲学社会科学创新体系建设，实施哲学社会科学创新工程"。地方社科院是我国繁荣发展哲学社会科学的专门队伍，在建设哲学社会科学创新体系方面肩负着重要使命，必须把创新体系建设贯穿于社会主义新智库建设的伟大实践中，不断谱写创新发展的新篇章。

一、充分认识建设哲学社会科学创新体系的时代意义和发展机遇

当今时代是知识经济时代，当代中国正处在由大国向强国迈进的新阶段。建设哲学社会科学创新体系，繁荣发展哲学社会科学，关系到我国经济、政治、文化、社会建设以及生态文明建设的全面协调发展，关系到国家创新体系的建构和完善，关系到我国综合国力和国际竞争力的提升，关系到中华民族在世界舞台的崭新面貌和独特地位。

---

〔1〕作者系湖北省社会科学院党组书记、副院长。

（一）哲学社会科学创新体系是国家创新体系的重要组成部分

国家创新体系既包括自然科学，也包括社会科学，国家创新体系建设需要自然科学与社会科学携手推进。

首先，从技术创新的内容看，社会科学创新是国家创新体系的一个重要组成部分。我们通常所说的创新是指技术创新，即将科技成果用于生产活动、企业经营，以创造经济价值、社会财富。技术创新从广义来说，包括与产品创新、工艺创新相适应的组织创新、制度创新、管理创新和市场开拓等内容。前者与自然科学的研究和发展联系密切，后者则是社会科学研究的任务。技术创新不仅需要企业，还需要大学、科研机构、金融部门、政府机构多方面的密切协作。创新体系从组织结构上讲包括研究机构、企业和教育系统；从内容上讲，既包括自然科学，也包括社会科学；从人才组成上看，既包括自然科学人才，也包括社会科学人才。

其次，从社会科学的作用看，社会科学创新是国家创新体系的一个不可缺少的重要组成部分。社会科学有引导社会的作用。我国改革开放之初的思想解放就源于真理标准的大讨论，从而促进了改革开放的到来。科学技术成果的社会应用离不开社会科学，我们需要通过社会机制，综合运用各门自然科学和社会科学的知识，才能解决科技成果转化遇到的技术政策、经济增长方式、经济体制、文化观念冲突等方面的问题。现在许多自然科学的成果不能转化为生产力，不是因为技术上的原因，而是缺少社会机制。研究如何通过经济机制、政治机制和文化机制使自然科学的创新成果迅速地转化为生产力，这是社会科学的任务之一。

再次，从科学的综合性、集约化发展的趋势来看，社会科学创新是国家创新体系的一个重要组成部分。科学和技术各自分离并独立于社会的情况已经被科学技术化、技术科学化和科学社会化、社会科学化所代替。当代任何重大的科学技术问题、经济问题、社会问题和环境问题等所具有的高度的综合性质,不仅要求自然科学和社会科学的各主要部门进行多方面的广泛合作,综合运用多学科的知识和方法,而且要求把自然科学和社会科学知识结合为一个创造性的综合体。跨学科携手研究当代综合性课题,是知识经济条件下自然科学与社会科学共同发展的必然要求。正确认识社会科学在国家创新体系中的地位和作用,研究社会科学创新体系的完善和发展,使自然科学界和社会科学界的各种要素实现优化组合,是应对21世纪知识经济发展的新要求和新挑战、完成自然科学和社会科学携手共建国家创新体系使命的需要。

(二) 建立哲学社会科学创新体系是发展中国特色中国风格中国气派哲学社会科学的需要

当今世界正处在大发展、大变革、大调整时期,国际国内形势呈现出一系列新的变化,哲学社会科学面临着许多新课题和新挑战:一是世界多极化、经济全球化深入发展,科技进步日新月异,国际金融危机影响仍在持续,国际力量对比出现了新态势,这就需要哲学社会科学密切观察、深入研究。二是全球思想文化交流交融交锋呈现新特点,西方敌对势力从未放弃在意识形态领域对我国进行西化、分化的政治图谋,掌握意识形态的主导权、建设社会主义先进文化面临新的挑战。三是我国工业化、信息化、城镇化、市场化、国际化深入发展,一些深层次的矛盾和问题逐渐显露,许多重大现实问题迫切需要哲学社会科学予以研究回答。四是国内社会思想多元、多样、多变的特征更加明显,人们思想活动的独立性、选择性、多变性、差异性日趋增强,特别是随着互联网的快速发展,在多元中立主导、在多样中谋共识引领社会思潮的任务更加繁重。

在新形势和新任务面前,发展中国特色社会主义伟大事业既需要自然科学发挥作用,也需要哲学社会科学贡献力量。特别是在当前,我国已经站在一个新的历史起点上,处在加速发展、由大国向强国迈进的新阶段,哲学社会科学的作用更加突出：一是承载着建设强大的国家软实力的重要功能，二是承担着探索解决中国现代化建设现实问题的时代责任，三是肩负着为人类文明进步贡献精神成果的历史使命，四是担负着推进马克思主义的中国化、时代化、大众化的理论使命。要完成历史、时代、社会赋予的神圣使命，哲学社会科学界必须按照党的十七大和十七届四中、五中、六中全会精神要求，推进学科体系、学术观点和科研方法创新，推动我国哲学社会科学优秀成果和优秀人才走向世界，努力建设具有中国特色、中国风格、中国气派的哲学社会科学。而要实施这一系列工程，必须加快建设哲学社会科学创新体系。

（三）当代哲学社会科学的发展趋势推进着社会科学的创新

进入 21 世纪的哲学社会科学表现出了新的特点和趋势。一是从发展方向来看，社会科学呈高度分化和高度综合的特点，社会科学与自然科学相互融合，逐步走向一体化的趋势也愈加明显。二是从发展和转化的速度来看，社会科学的发展呈加速趋势，表现为知识更新加速，知识的传播、扩展快捷而迅速，科研成果迅速增长，科研成果的应用周期越来越短，科技成果向现实生产力转化的速度不断加快。面向决策、面向应用、面向发展是当代社会科学的明显发展趋势。三是从发展规模来看，社会科学研究日趋社会化、国际化，这表现在社会科学研究项目和规模日益扩大，原始的个体科研方式已被集体研究，甚至是国际规模的研究方式所替代上。随着社会科学内部的交叉和联系日益增多，以及科学技术与社会相互作用的进一步增强，社会科学研究的社会化、国际化趋势更加突出。随着经济全球化及知识信息国际化，国际间的社会科学合作研究及交流越来越频繁，国际性学术研究机构如世界社会学协会、国际生态学会、国际哲学协会、第三世界论坛、联合国教科文组织等相继建立。世界各国社会科学工作者通过参加国际学术会议、交流互访、建立跨国研究机构等形式，就全球或地区共同关心的问题进行联合研究,有力地推动了当代社会科学国际化的趋势。随着21世纪中国综合国力的增强,国际交往的扩大,社会科学研究的社会化、国际化趋势将不断扩大,这也对我国社会科学在21世纪的创新性发展提出了要求。四是从社会影响来看,社会科学发展对经济、社会发展的影响空前广泛,也更为深刻。20世纪的历史发展进程已经证明,社会生活的各个方面无不打上了社会科学的时代烙印,社会科学已经深刻、广泛地渗透到社会的经济、政治、军事、外交、文化和日常生活的方方面面,影响并改变着社会的生产、流通、组织结构、活动方式以及人们的生活、思维方式。21世纪人类将进入知识经济时代,信息、网络将成为与人们生活最密切相关的领域,人、自然、社会的协调发展更加受到重视,我国将继续大力实施科教兴国和可持续发展战略,提升我国综合国力,攀登世界科技高峰。这一方面对社会科学提出了创新性发展的时代要求,另一方面,社会科学也惟有不断创新,才能对社会生活各个方面产生更加广泛、深刻的影响,尽到自己的历史责任。

二、关于地方社科院建设哲学社会科学创新体系的若干思考

哲学社会科学创新是运用新思想、新材料、新方法、新技术,对社会现象、精神现象等进行超越性的理性加工,从而揭示和预见其本质、规律和发展趋势的科学探索活动。以社会需要为核心的理论创新是哲学社会科学创新的本质特征,以超越社会现实为前提重建对文化资源的使用模式是其重要特征,以新技术为依托开发公共领域是其时代特征。社会科学创新的目标选择是:优化配置社会科学创新资源,提高社会科学创新资源的利用效率,理顺创新主体的系统结构,建立科学合理的创新运行机制,推动哲学社会科学事业不断繁荣发展。

地方社科院是建立哲学社会科学创新体系的一支重要力量,在建设社

会主义新智库的重要发展关头，建设哲学社会科学创新体系可谓任重而道远，需要全国社科同仁共同探索和推动。我们认为，应在以下四个方面寻找突破口。

（一）推动学科体系和学术观点的创新

一是研究功能的变化迫切要求进行学科体系创新。传统式的研究以经院式的学术研究、典章研究和文化传承研究居多。随着经济全球化浪潮的兴起，文化经济和"软实力"的比拼，科技创新对人类理智和道德的挑战，理论研究的问题时代已经到来。问题意识已经把许多不同学科的研究者召集到一起，形成跨学科、多学科的"问题研究"。国内改革开放促成的经济社会政治文化各个领域的空前发展，要求我们在思想性资源、科学操作性资源的获得以及对它们的优化组合上加大研究力度。面对国际国内新的形势、新的理论需求，如果我们继续满足于让问题和资源都停留在传统的学科分化体制的界线内，就只能"绕着问题走"、"看着问题转"，言不及义而丧失学术联系实际、指导实际的功能。因此，随着问题时代的到来以及哲学社会科学研究功能的变化，我们必须推进学科体系创新，重新构建我国哲学社会科学学科门类体系，制定符合国家发展要求、时代需要和世界形势的新的学科目录。

二是改革科研组织体系是学科体系创新的关键。当前，学科的综合性、交叉性趋势越来越明显，已经很难把一个重大问题简单地归属于某个单一学科。当今世界人类面临的许多重大问题已经无法划定是文科、理科或工科的问题。比如环境问题、能源问题、交通问题、国家安全问题、创意经济问题、人工智能问题，等等。学科的综合性、交叉性要求以领域、问题为导向组织跨学科的研究，以问题为中心组建研究机构和研究团队已成为当代学术研究的客观要求和发展趋势。传统的研究所、研究室体制已不适应学术研究发展的要求，这需要我们进行研究组织模式的创新，打破学科、单位、地区的壁垒,组建研究中心、课题组、工作室等新的组织体系,特别要扶植一批问题意识明确、基础学科崭新、社会功能有效的研究中心,形成一支与现实需要密切相关的科研队伍和人才梯队。

三是研究现实问题是学术观点创新的源头活水。实践是哲学社会科学创新的源泉。哲学社会科学研究只有同中国特色社会主义的伟大实践紧密结合,才能有所作为,有所建树,彰显强大的生命力和影响力。要密切关注事关党和国家事业发展全局的战略性、前瞻性课题,聚焦重大现实问题,在亟待解决的关键问题上有所突破,使研究成果更好地转化为党和政府的方针政策,转化为国家的法律法规,切实发挥好党和人民事业的思想库的作用。

(二) 深化科研方式和科研方法的创新

一是大胆借用现代化的生产方式。面临日益复杂且难以调控的社会环境,现代文明需要的是更先进的研究手段与技术、更大的信息量和更加个性化的思考方式,现代化的研究手段与方法是理论创新的技术支撑。要敢于变革传统手工式的、个人单兵作战的小农生产方式,大胆借鉴现代化的分工合作、协调配合的现代生产方式,采用现代化的研究手段与技术。在研究方法上,确立综合与比较、定性与定量相结合、模糊方法、数学模型等一系列先进方法,善于借鉴和吸收现代各学科行之有效的研究方法,倡导超越一个学科与一个视角的综合研究方法、交叉研究方法、跨学科研究方法。当前尤其要注重哲学社会科学与自然科学、工程科学、技术科学的相互交叉、渗透和综合,积极促进哲学社会科学与自然科学、工程技术的多学科协同攻关,在彼此间相互综合、相互借鉴、相互融合和相互碰撞中寻求突破,从而充分发挥现代科学的整体优势和多学科杂交优势,形成新的思想、新的进展、新的方法和新的理论。

二是实施企业化的科研运作模式。要善于学习现代企业的成本管理、绩效管理、项目管理、流程管理、精品管理、质量管理等先进经验。坚持科研工作项目化、项目实施工程化、工程落实精品化。重大课题坚持招投标制,成果验收坚持专家评审制,成果转化坚持责权利结合制。对外承接的横向课题坚持有偿服务制,实行定单生产、签约执行、中期督办、履约收购等管理办法。借鉴产品营销办法,不断改革和完善科研成果宣传、转化机制,努力使精神产品转化为文化生产力。

三是建立个性化的信息服务。在社会科学创新过程中,推动社会科学不断发展的强大动力是社科研究者的信息需求。网络改变了获取信息的传统方式,网络化信息使不具备或不熟悉信息技术的读者感到纷繁复杂,不知所措。社会科学研究者作为一个现代型的文献用户,如果没有掌握文献检索知识,不善于捕捉社会实践中稍纵即逝的动态信息,不把探索的触角伸向主要的文献发源地,不掌握鉴别判断信息、知识的质量水平高低,尤其是潜在应用价值大小的基本方法,就无法积极有效地开展好创新工作。因此,网络时代的科研生产,必须重视对科研人员利用网络资源能力的培训。同时,要积极为科研人员提供个性化的信息服务,主要是科研人员数据库的建立与更新服务、检索帮助服务、学科资源导航服务、信息定制服务、最新信息推荐服务等,以便节省科研人员的信息收集时间,提高科研工作效率。

四是拓展国际化的合作交流渠道。地方社科院由于受经费、信息、区位和人才等多方面的制约,容易形成封闭状态,强调国际合作、走开放型科研的路子,对于促进学术创新显得尤为重要。在当今时代,经济全球化把人类社会推进到了一个前所未有的崭新领域,从宏观到微观、从现实到虚拟、从物质到精神、从个体到群体、从自然到社会,各个层面都有了不同程度的拓展,为哲学社会科学开辟了更宽广的发展空间。这就要求哲学社会科学工作者抓住机遇,紧密结合时代重大课题,瞄准世界先进水平,进行科学思考和大胆探索,不断拓展哲学社会科学研究的视野和领域,增强学术精神的时代性,延展创新的空间。必须打破哲学社会科学研究中的自我封闭状况,树立全球化眼光和全球化意识,加强与国际哲学社会科学界的对话、交流与合作,在合作与交流中撞击思维、启迪灵感、寻求共识,增强理论创新的活力。只有这样,我国哲学社会科学的发展才会兼具传统性与现代性、世界性与民族性,不断创造出富于时代精神、有中国特色的哲学社会科学新理论、新思想、新体系。

(三) 加快领导方式和管理范式的创新

一是优化配置社会科学创新资源。哲学社会科学创新资源指的是在哲学社会科学创新活动中,一切可被开发和利用的自然资源和社会资源。根据社会发展和时代特征,当前要优化配置的哲学社会科学创新资源主要体现在以下四个方面:第一,思想资源。哲学社会科学创新不是建立在空中楼阁之上的,而是在继承前人研究成果之上才有可能。思想资源的主体是学术资源,每一个时代都有其不同的学术思想,前一代人的学术思想成果构成了下一代人的学术思想发展的基础。要优化配置创新资源,首先就是要继承和光大古今中外优秀的精神财富,并创造出新的成果。第二,信息资源。信息资源是指反映社会历史发展过程中的具体事件、事实、数据、情况的信息。创新主体通过获取事实、数据、消息等原始资料,经过分析、综合、验证已有观点,从而形成自己的新观点。信息资源由于具有数量巨大、分布零散、收集提炼难度大等特点,过去往往不被社会科学工作者重视。在当今知识爆炸的时代,要实现学术思想的创新,必须善于利用信息资源。美国未来学家约翰·奈斯比特在20世纪80年代初出版了一本轰动世界的名著——《大趋势——改变我们生活的十个方向》,该书的基本素材来源于他订阅的全美各地的报纸,他共收集了200万张剪报,从中筛选出世界各地的信息,加以归纳整理、综合分析,从而预测社会的发展。奈斯比特的成功表明,信息资源中蕴含着丰富的内容,反映着各种社会问题,对其进行开发利用,是现代哲学社会科学创新不可缺少的一环。第三,物质资源。物质资源是指创新所需的资金和必要的技术条件,其中主要是资金。现代哲学社会科学创新所面对的大多是整体性、基础性、综合性的社会问题,资金投入远大于传统哲学社会科学研究活动。因此,各级地方社科院在努力争取当地政府对社会科学投入资金的同时,要想方设法争取各类基金课题和横向合作课题,最大限度地获得经费资助。第四,人力资源。人力资源是"活"的资源,在某种程度上决定了哲学社会科学创新活动的可能性,并直接影响着哲学社会科学创新实践的效率。丰富的人力资源承担着创新活动的不同环节、不同阶段、不同侧面的分工,优秀的人力资源能够发挥出物质资源所难以形成的巨大凝聚力和推动力。在建设哲学社会科学创新体系中,必须坚持人才强院的战略,认真做好人才的引进、使用和培养工作,最大限度地调动各类人才的积极性。

二是领导方式实现两个转变。建立地方社科院哲学社会科学创新体系,关键在于地方党委、政府要进一步转变领导方式,努力为哲学社会科学的发展营造良好的人文环境和发展空间。第一,由控制管理范式转到调节管理范式。(1)投入地方社科院的财政性研究经费要统筹使用,项目要整合,要尽可能集中,避免分散、分割而带来的重复浪费,将有限的资金投入到事关地方经济、社会发展的重大战略问题的研究上,投入到事关地方特色和区域优势的基础学科的研究上。(2)要制定法规促进社会资金更快更多地进入社科研究机构中。利用税收优惠政策、财政补贴政策、收费减让政策、办事简化政策等促进民间资金的进入,逐步形成以财政经费为主体、社会资金为补充的科研经费来源的新格局。(3)进一步明晰政府对人文社会科学研究事业的管理权限。政府的主要任务是制定科学的政策,监督政策的执行,营造良好的环境,提供市场不可能提供的公共服务,不应再集裁判员、运动员、主办者、承办者于一身了。第二，由刚性管理范式向刚柔相济范式转变。近年来，我国哲学社会科学研究在取得数量增长的同时，质量增长问题突出，可以说，增产未增收、增产质未优。导致这种现象的主要原因是过多地使用了刚性管理范式，在科研活动中，以科研的数量（篇数与字数）与级别（成果转化载体的行政级别、社会等级）论英雄，实行一票否决制。在刚性管理范式下，有的人著书不立说，有的人以商业手段发表论文，有的杂志以商业手段推销版面，有的找枪手代劳，有的沽名钓誉，有的搞权学交易，有的弄虚作假，有的被逼无奈而违心搞短平快，等等。显然，这种刚性管理是有弊端的。但从中国的传统与经济转轨阶段的国情看，从实际调查看，在相当长时间内还不能完全取消刚性管理模式，只能实行刚柔相济的管理模式。其一，大幅度减少刚性考核的数量指标，拉长考核时间。比如不搞年度考核，实行聘期考核。其二，对公认的基础理论研究专家实行较长时间（如五年）免于考核的制度，实施备案登记制度，确保出高质量的研究精品。其三，要有学科划分，但不可固化。要改变经济学研究员只能发经济学文章，发其他学科文章不算科研成果的游戏规则，鼓励跨学科研究，促进学科交叉、渗透、交叠、互动，为新兴学科、边缘学科、新的学术增长点的发展创设自由的空间。其四，推进理论成果的转化。可考虑在课题研究经费中划出固定份额专门用于成果的转化推介，加强成果转化队伍建设，重视成果转化的方法论研究和平台建设，促进理论成果为经济社会发展服务、为市场主体服务、为基层群众服务。

三是积极改进管理方式。管理创新是繁荣发展人文社会科学的重要保证、有力引导与重要突破口。长期以来，我们在科研管理上已形成了一些固有的套路和模式，但随着科学的进步、社会的发展，不少约定俗成的方法已成为哲学社会科学创新的羁绊，必须进行改革。当前最重要的是处理好四种关系：其一，计划和学术的关系。在现实生活中，常常出现官方的科研计划距学术较远,而距政治或现实需要较近的现象。官方所关切的,学术界不一定关切;学术界关切的,官方却不一定重视。因此,在制定科研计划时,必须真正吸收坐"冷板凳"专家的参与,真正听取他们的意见和建议,防止单凭"权威"级人物定规划的片面做法。其二,项目和成果的关系。人文社会科学的研究和评价存在着项目与成果的内在矛盾。项目往往是"官方"的主旋律的,因而项目的成果在官方的支持下部头大,印制好,加上足够的宣传,往往规模宏大,先声夺人。但这种成果常常会出现政策含量偏大、学术含量不足的现象,外表的辉煌下面是思想的贫乏。而真正在学术上有影响、具有里程碑性质的学术成果,却往往进不了所谓的项目。因此,必须处理好项目和成果的关系,既要重视争项目、争经费,又要避免雷声大、雨点小、出平庸之作敷衍应付项目的现象出现。其三,大和小的关系。受自然科学重大发现推动整个科学体系发展的影响,人文社会科学研究也强调重大课题的研究。但什么样的课题才算重大课题、有影响的课题,人们没有明确的评判标准。人文社会科学的一个重要特点就是其研究方法往往要"从大处着眼,从小处着手",用小题目做出大文章。马克思具有划时代意义的经济学研究也是从最简单、最一般的商品交换入手的。因此,人文社会科学的研究,课题的大小只是相对而言,更重要的是在于学术识见和功力。功力不够,识见不广,缺乏学术的深邃和敏锐,"大课题"也做不出好文章。从管理创新的角度讲,有必要对以往的"大小观"予以调整,不再过份强调"题目"的重大,而是注重"成果"的重大。其四,集体攻关和个人研究的关系。在传统的社科研究中,追求个人著书立说、流芳百世的较多,而在现代研究中,集体攻关、协同研究的呼声越来越高。哲学社会科学的创新既不能强调个人的权威作用而忽视学术团队建设,也不能脱离学术创新的内在规律,搞不切实际的"拉郎配"。因此,有必要对人文社会科学的不同门类、不同课题予以区别对待。

（四）强化政策支撑体系和科研保障体系的创新

一是健全政策支撑体系。党和政府要进一步加大繁荣发展哲学社会科学各项政策的落实力度。近些年来,在繁荣发展哲学社会科学方面,中央实施了马克思主义理论建设工程,教育部在高校实施了"繁荣工程",取得了明显成效。建议在社科院系统实施"思想库"工程,此工程包括人才建设资助计划、重点学科建设计划、名报名刊名网建设计划、数据库建设计划、调研基地建设计划等,每项计划明确规定具体的项目、经费、落实措施等。通过"思想库"工程建设,为地方社科院搭建起可持续发展的政策支撑体系。

二是完善成果评价体系。哲学社会科学创新体系的建设,要求有科学客观的成果评价体系作为科研工作的风向标。科学的评价体系应处理好政治导向和学术自由的关系、质量和数量的关系、时效性和恒久性的关系、超前性和现实性的关系、主观性和客观性的关系。根据上述评价原则,我们认为,社科成果的评价体系应由以下六个方面构成:(1)同行专家评议法。通过采取通信评审和会议评审的办法,组织同行专家对被评价成果的学术价值和社会价值进行评价,写出综合评价报告和鉴定结论。(2)刊物级别评价法,即以文章发表的刊物级别为参照系进行评价的一种方法。(3)被引情况评价法,即以论文、著作公开面世后,刊物的转载率、读者的引用率、网络的点击率等作为参考要素,考核成果价值的大小。目前,CSSCI已成为我国人文社科类成果公认度较高的评价系统和评价依据,除此之外,被《新华文摘》、《中国社会科学文摘》、《高校文科学报文摘》、中国人民大学报刊复印资料、中国期刊网等纸质或网络出版物转载或摘编是社科学术成果评价的重要依据。(4)代表性成果评价法,即以代表性成果作为评价学者学术成就的一种方法。代表性成果由学者自己推荐,科研管理部门组织专家评审,形成成果鉴定意见。(5)成果社会影响评价法,它依据的是成果被决策部门采纳、被省级以上领导批示、被各类媒体宣传以及在各种报告会、研讨会、学术讲坛上发布后所产生的社会反响的情况。成果影响可以通过考核成果的批示率、转化率、采用单位的评价、受众对象的反响等办法反映出来。(6)成果查新法。为了保证对人文社会科学研究成果评价的准确性、科学性，必须推行成果查新制度。通过查新，了解被考评成果所涉及领域里的研究状况，以便准确判断成果研究水平和价值。

三是实施创新优先权制度。优先权问题是创新的外在表现，谁取得了优先权，即意味着其在相关问题研究方面取得创新。研究制度经济学的学者认为，对一个人所取得的成就的承认是一种原动力，这种原动力在很大程度上源于制度上的强调。这种承认可激发创新主体的内在动力，驱使他们去不断创造。关于优先权的制度约定，通常包括学术研究方法规范、学术评价与批评规范、论著撰写规范、著作人署名规范、引用文献规范等。谁在这些方面率先提出自己的主张并被业内采用，谁就赢得了此规范的创新优先权。当然，我们在强调制度承认的同时，也应该看到制度本身的创新性，任何一个机制的发展都离不开稳定的制度支持和有效实施。但是，随着实践的发展，制度的稳定性、确定性、有效性在促进该系统进步的同时，又会形成一种惯性，使制度出现功能失调，产生制度的惰性。

四是加强学术规范和科研诚信建设。其一，加强政府指导。学术规范涉及到教学、科研、新闻出版、传播媒体等行业，要加强学术规范建设，必须由教育部、科技部、人社部、国家新闻出版总署、国家广电总局等部门联合行动，由中宣部总协调，分别制订各行业的学术规范条例，由人社部总督导，结合考核、奖惩等工作予以贯彻落实。其二，加快行业自律制度建设。各个行业的最高主管部门负责组织制订本系统、本单位学术规范的具体实施办法，加强对全行业标准的宣传教育和督促指导，惩处学术不端行为，搞好行业自律。其三，健全学术批评制度。学术批评是学术的生命，健康的学术批评应遵守一些起码的规范。如：了解自己的批评对象，读过自己想要批评的书或文章；批评的态度要实事求是，说理要严密透彻；批评必须尊重原意、尊重原文；既倡导批评，又允许反批评。其四，建立健全学术监察制度。认真贯彻落实刘延东同志在全国学风与学术规范建设座谈会上的讲话精神，构建科研诚信和学术道德建设的长效机制。在教育、科技、文化等主管部门设立学术打假机构，监督检查各学术研究机构的学术反腐预防情况，受理并调查学术违规举报，处理学术违规人员，真正把学术规范和科研诚信建设纳入学术反腐之中，依靠制度和法律整肃学风和学德，促进哲学社会科学的繁荣发展。

五是深化体制机制改革。其一，以聘用制、竞争上岗、绩效考核为基础，进一步深化人事制度改革和分配制度改革；其二，营造良好的干事创业环境。创新人才工作体制机制，激发各类人才创造活力和创业热情。尊重学术自由，倡导学术争鸣，鼓励良性竞争，营造宽松环境，努力形成健康清新和谐的学术生态。其三，深化行政管理体制和后勤服务体制改革，建立和完善包括行政管理体系、图书资料体系、报刊网络体系、后勤服务体系、现代化办公体系等在内的科研综合保障体系。坚持服务社会化、管理科学化、保障现代化方向，努力推进行政管理和后勤服务的规范化、标准化和制度化建设。

地方智库发展的"六字真经"

——以湖南省社科院为例

朱有志[1]

　　智库是国家公共决策的参与者和政府战略预测的提供者。当前,我国各类智库正日益凸显其"开民智、启官识、申政纲"的重要地位,不少地方智库也在服务经济社会发展中贡献智慧、致力创新、赢得发展。与此同时,不少智库尤其是一些地方智库还处于被动式生存的状态,仍处于参政议政的边缘地带,其作用发挥尚待增进,其发展空间尚待拓展,其影响范围尚待扩大。地方社会科学院虽然是中国智库大军中的主力军,但缺乏中国社科院那样的天生资源优势和强势智库地位,在此情势下,如何找准切入点,加强制度与政策补给,找到穿越发展隧道的善治逻辑,真正实现智库办院、智库兴院、智库强院,是当前地方社会科学院成长的核心命题和面临的严肃挑战。湖南社会科学院在近几年的发展中,提出了"凑、挤、捏、抬、压、推"的"六字真经",并据此孕育和形成了与之相应的管理文化,较为有效地实现了智库的转型与升级,发展渐入佳境,正在成为省委省政府和社会各界"信得过、用得上、靠得住、离不开"的新型智库。

　　一是念好"凑字经"。所谓"凑",即是地方社科院要最大限度地靠拢和

---

[1] 作者系湖南省社会科学院院长、党组书记,院智库研究中心主任。

接近决策层,感动和启发政治家,指导和规范执行者。之所以要"凑",是因为一方面,在当前公共决策部门的运行逻辑、文化氛围和思维定势中,决策者有自己惯性的决策方式,不会主动贴近理论家,缺乏主动寻求理论支撑的决策自觉和文化自醒。另一方面,理论家固有的孤芳自赏往往使得理论容易自甘边缘,同时,理论与实践的天然距离也使得理论难免自说自话。而强调理论有效服务决策,突出学术研究的实践导向,强化学术成果的实际应用,并在实践中检验学术成果质量,进而修正理论,发展理论,是现代智库发展不可逆转的方向。因此,理论要感动政治家、要启发决策者,就必须走出书斋、放下身段,像古代孔子周游列国、孟子游说梁惠王一般,主动向现实凑近、与决策接轨,实现与公共决策机构的联姻。具体到地方社科院而言,就是要积极主动地与地方党委、政府以及各个部门、新闻媒体建立紧密联系,大胆"推销"社科院,主动为领导决策提供科学咨询,为地方经济社会发展提供智力支持,使各级部门和社会各界更多地知道社科院、了解社科院、理解社科院,进而支持社科院,惟其如此,地方社科院才能克服困难,增强活力,拓展空间。

近年来,湖南社科院围绕建设省委省政府的"合格智库"创造性地念"凑字经",形成了"为领导解决难题,请领导解决问题"的管理文化。一方面,我院围绕湖南发展的重点、难点问题,与省委组织部、省委宣传部、省发改委、省经委、省国资委、省财政厅等单位主动加强联系,共同开展富有全局性、前瞻性、实用性的重大应用对策研究,主动请命参与省领导讲话稿和文件起草,出色完成省领导交办的各项研究任务。我院主动加强同媒体联系,积极接受各级、各类媒体采访,努力做好理论宣传工作。同时利用《省情要报》《县域发展参考》和《智库研究动态》等内刊,将重要研究成果及时向省委省政府领导呈报,利用《湖南社会科学报》、湖南社会科学院网等载体积极宣传推介理论成果、服务科学决策、扩大社会影响,积极探索理论研究与公共决策直接对接的有效实现形式。这些"凑上去"举措使我们为省委省政府服务的平台越来越高，载体越来越多，路子越来越宽，效果越来越好。从 2009 年起，我院设立的"湖南省情与决策咨询研究招标课题"与省院士专家咨询委员会联合发布，正式升格为省级课题，我院智库影响越来越大，智库形象越来越好，智库地位越来越高，在全省确立了应用对策研究的龙头地位。

二是念好"挤字经"。所谓"挤"，即是地方社科院要千方百计地让身影挤进会议、让发言挤进活动、让文章挤进文件，使理论能够进入操作家的视野、思想和做法当中。哲学社会科学的根本价值在于经世致用。正如马克思所说的，问题不在于解释世界，而在于改变世界。只有以自身的研究成果很好地回答现实问题，哲学社会科学才能体现自身价值，实现自身发展。现在争当党委政府合格智库的单位不止社科院一家，想要让党委政府能够依靠社科院、信任社科院、使用社科院，就需要社科院将自己的研究优势、成果优势充分转化为决策咨询优势、智力支撑优势。只有通过这种"挤进去"的方式，社科院的理论成果才能在强手如林、竞争激烈的智库大军中脱颖而出，使理论有效进入决策，演变为措施，进而转化为生产力。

为念好"挤字经"，湖南社科院在近年来的智库建设中想方设法挤进省委、省政府的有关会议、重大决策活动和重大问题研究中，形成了"让自己的想法变为别人的说法，让自己的说法变为人家的做法，让自己的言论变为社会的舆论，让自己的文章变成上级的文件，让自己的思考影响领导的思想，让自己的发言促进社会的发展"的管理文化，使社科院的科研成果真正成为省委、省政府决策的重要参考。如"731"会议是湖南省委在年度经济工作会议召开前按例举行的一次理论务虚闭门会议，由全省"四大家"领导和重要厅局一把手参加，其对湖南当时经济形势的研判与对来年经济工作思路进行部署的核心议题，使其成为省委的一次极为重要的会议，也成为展示和检验主流政策研究机构服务决策水平的重要舞台。从 2003 年开始，我院将"731"会议材料作为院"两弹一星"工程来搞，举全院之力撰写高质量的研究报告，并主动、持续地向会议递交，逐渐引起了省领导的重视。2003 年、2004 年、2006 年递交的三篇专题报告都受到了省政府的高度肯定和重视，并将其作为省政府起草工作报告的主要参考材料之一，一些观点直接进入了领导的报告和政府的文件中。特别是 2007 年提交的会议发言材料《活在稳中，好在快前——湖南经济发展述评与建议》以严谨的分析、前瞻的见解，最终赢得了省四套班子领导和主要厅局负责人的充分认同，成功地被省委指定为今后会议智库发言的固定代表单位；2008 年提交的报告《危机晚半步，防御早半步——2009 年湖南经济"巧用半步效应"的分析与建议》更是引起与会者的热烈反响。从积极"有为"，到成功争取"有位"，我院的智库地位进一步巩固，品牌效应进一步放大，发展活力进一步焕发。目前，省委省政府、许多地州市政府、省直相关厅局每逢重大节点时段、重大问题研究、重大决策出台前后，都经常委托我院进行论证和研究。

三是念好"捏字经"。所谓"捏"，即是地方社科院要最大可能地集聚一切有利于社科院发展的各种资源和要素，为社科院的发展壮大创造有利条件。地方社科院不是一个强势的行政部门，也缺乏行政意义上的传统资源优势，只有通过"捏"来聚合资源、推进发展，才能最终被决策层所重视，被学术界所认同，被全社会所称道。要实现这一目标就必须志向高远、视野宽广、心胸开阔、广交天下，团结一切有利于社科院发展的力量，搭建一切有利于社科院发展的平台，主动邀请各界领导来视察指导，广泛邀请院外专家学者来讲学授课，精心主办各类国际国内学术会议，将更多的院外人士"请进来"，使更多的院内人士"走出去"，通过盘活智库资源，整合智库力量，从而提升智库影响，做强智库实力，进而兴旺智库事业，提升智库地位。

湖南省社会科学院在念"捏字经"的过程中,形成了"通天连地,开门办院"的管理文化,整合了大批资源,结交了大批朋友,举办了大量会议,从而获得了更大的发展空间。2008年我们邀请中国社科院联合开展调研活动,2009年成功争取"中国社科院国情调研湖南基地"正式挂牌成立,各所亦与中国社科院相对应的所建立了密切联系。通过上述措施,我们与中国社科院建立了长期友好合作关系,为提升我院的科研水平,盘活科研资源起到重要的促进作用。我院通过举办"湖南十大杰出经济人物"等评选活动,拓展与企业界的合作,有效提升了我院的社会影响力。我院还通过大量承办各类全国性与地区性学术会议或论坛,如全国社会学年会、全国社科系统哲学大会、泛珠三角会议、国际都市圈会议等,积极积聚学术人脉,大力拓展学术合作空间。在加强国内联系的同时,我院进一步加强了国际联系,先后与美国、俄罗斯、日本、加拿大、德国及非洲18国等建立了学术联系或进行了交流合作,争取国际学术资源为我所用,使我院学术研究实现了从院内走向院外、省内走向省外、境内走向境外、国内走向国外的历史性跨越。2011年我院还联合省内各高校相关力量及省外知名专家,组建成立了综合性科研联合体"湖南文化创意产业研究中心",下设中南大学、湖南大学、湖南师大三个分中心,为我院整合全省研究力量提供了新的平台。

　　四是念好"抬字经"。所谓"抬",即是地方社科院要充分挖掘院内自身的"人才资源宝库",抬出院内有成就的学者、抬出在学界有威望的专家、抬出在社会有地位的名人。社科院是一个藏龙卧虎之地,很多科研人员在潜心治学,很多专家学者在默默耕耘。俗话说"酒香也怕巷子深",再有名的学者专家,再优秀的科研成果,再突出的科研业绩,也需要对外宣传推介,只有充分抬升他们的科研成就、学术声名和社会地位,才能充分扩大社科院的社会影响,对内激发社科院的发展动力。念好"抬字经",前提在于用心发掘、以情感人、以礼善待,重点在于大力宣传、积极推介、树立品牌,关键在于真正形成尊重专家、鼓励冒尖、宽容个性的理念。

为念好"抬字经",我院形成了"呼唤二十一世纪的张萍"的管理文化。张萍是我院原副院长,是长株潭一体化概念的首倡者、实施方案的首席设计者和基本框架的主要研究者。为树立我院科研强院、人才强院的良好形象,我们借长株潭城市群获批全国"两型社会"建设综合改革试验区的契机,先后召开了张萍区域经济思想学术研讨会、举办了张萍学术报告会、青年演讲比赛等一系列"呼唤二十一世纪的张萍"的学习宣传活动,并通过邀请省四套班子领导及新闻媒体与会强化宣传效果。2009年经我院大力推荐,张萍同志被光荣评为"全国离退休干部先进个人",受到国家副主席习近平同志的亲自接见,达到了对内树学习榜样,对外树学术品牌的目的,有效扩大了社科院的社会影响,有效提高了社科院的学术地位,有效激发了社科院的科研动力。在此带动下,一大批离退休的老专家、老同志继续以饱满的热情献身科研,《光明日报》以"银发智库"为题进行了长篇专题报道,一大批的年轻博士、年轻同志以高昂的激情投入科研,在2011年我院获批的9项国家社科基金项目中,项目承接人中有5人是35岁以下青年人员,其中2人是80后青年人员,形成了很好的带动效应。

五是念好"压字经"。所谓"压",即是地方社科院要充分将科研人员"压"到基层中去、"压"到实践中去、"压"到群众中去,在实践中学习、在实践中服务、在实践中成长。建设合格智库,对理论工作者来说,不仅要有较高的马克思主义理论素养,要有较为丰富的专业知识,更要有对世情国情社情民情的准确把握。因此,通过思想教育和激励机制使科研人员积极走进群众,走进现实,把科研课题与社会现实中的问题紧密结合起来,不断创造出对经济社会发展有价值的基础理论成果和应用对策研究成果,这既是哲学社会科学工作者"走基层、转作风、改文风"的时代使命和要求,更是地方社科院履行智库职能的重要前提和基础。"走下去"的途径和方法就是面向基层、深入实践,通过开展调查研究活动,克服停留在象牙塔内的闭门造车现象,在调查研究中丰富科研阅历、充实科研成果、锻炼科研能力、提升科研品味。

鉴于社科院的智库职能定位与社会发展的需求,为念好"压字经",湖南社科院形成了"研究人员既要会唱现代京剧,也要会哼湘剧高腔"的管理文化。从2006年起,我院就要求每个研究所围绕省委省政府关注的重大理论问题和实践问题,每年确定一个主题,组织研究人员深入基层、深入企业、深入农村集中开展为期一个月的实地调研。实践表明,这种围绕主题进行的集中调研行之有效,不仅成为科研人员掌握社情民意的重要途径,也创造出了富有实践价值的研究成果,进一步树立了我院的智库品牌。在大量调研的基础上,近年来我院产生了一系列有重要影响的标志性成果,获得了诸多的国家课题,发表了诸多高档次的学术文章,进行了诸多高水平的咨询论证,有的进入了决策,有的写进了文件,有的变成了舆论,有的付诸了实施,有的结出了硕果。如2009年对省委"弯道超车"战略进行的系统论证得到了省委省政府的高度认可,并被列入了哈佛大学教案。2010年,我院还与湖南省永州市蓝山县建立了全面深度合作架构,在蓝山县建立了研究基地,每年选派3名青年科研人员赴蓝山县乡镇挂职锻炼,积极探索理论研究与基层实践直接对接的有效实现形式。

六是念好"推字经"。所谓"推",即是地方社科院要大胆将年轻科研人员推向科研第一线、岗位第一线,鼓励年轻人创新、支持年轻人冒尖、推动年轻人成长。胡锦涛总书记在建党90周年讲话中指出,"青年是祖国的未来、民族的希望,也是我们党的未来和希望",青年科研人员同样也是社科院的未来和希望,只有充分信任他们、全力培养他们、积极扶持他们,让他们不断地提升能力、自信地走向前台、勇敢地挑起重担,才能为社科院的持久发展打下良好基础,为社科院的永续提升提供充足后劲。

在念"推字经"的过程中,湖南省社会科学院形成了"让想干事、能干事的人干成事、干好事"的管理文化。近年来,我院通过采取每年引进 10 个博士、推荐 10 名科研人员挂职锻炼、10 名科研人员访学交流的"三个十"的举措,培养和储备了一大批有激情、有理想、想干事、能干事的青年科研人才与管理人才队伍。对科研人才采取"扶优扶强"政策,实行科研经费向重大课题倾斜、向优秀成果倾斜、向优秀人才倾斜,将年轻科研人员推出学习、推荐交流、推成专家,先后派出 100 余人次分别赴国外、中国社科院、全国各大名校访学交流和攻读博士,推荐了 6 名青年科研人员进入"省 121人才工程人选"。对管理人才委以重任,鼓励他们大胆改革、锐意创新,并完善了对他们科研成果、管理业绩的考核体系及其办法,使之更科学地反映智库特点。近几年来,我院先后共提拔了 30 余名年轻的副处级以上干部,占全院副处级以上干部的 2/3,推荐了 3 名优秀年轻干部分赴市(州)、县任常委,选派了 30 余名科研人员到省市县党政机关挂职锻炼,使年轻科研人员的综合素质得到切实提高,积极性得到充分激发,智库的人才"旋转门机制"正在形成。

思想支配行动,行动改变局面。念好"凑、挤、捏、抬、压、推"的"六字真经",在总体上也是湖南社科院围绕智库建设而形成的一种管理文化,是我院近年来大力建设单位文化的一个缩影。我们认为,地方社科院要在竞争日益激烈、要求日益提高的智库大军中顺利突围、超越发展,就必须激扬思想、更新理念,以经世致用之学术精神,以超常规之应对举措,用思想点燃梦想,用行动超越未来,努力达成社科院"替决策挣尊严、替民众挣信心、替国家挣未来"的历史使命。

构建"科研创新集成系统"的思考与实践

广东省社会科学院

"科研创新集成系统"是由广东省社会科学院梁桂全院长率先提出的一项科研行为与科研管理的创新理念。该理念得到院党组的高度认可,并作为广东省社会科学院近期的工作重点着力推进,现已部分付诸于实践,取得了较明显的成效。

一、背景、需求和科研创新

(一)科研创新集成系统提出的背景

中国特色社会主义事业发展正处在新的历史起点上,我省经济社会发展正加速转向科学发展轨道;经济全球化走向深化,人类社会信息化、知识化继续推进。党和政府面临越来越复杂的决策任务。在此背景下,如何适应执政党科学执政、民主执政、依法执政的需要,加快建设中国特色社会主义现代化思想库、智囊团? 这是摆在广东省社会科学院面前的重大改革创新课题。

(二)社会科学研究的需求与特点

把握社会对思想库、智囊团需求的内容、特点和要求,以及广东省社会科学院的客观条件与既往经验,这是创新、设计科研集成系统的前提。社会作为需求者主要有三个"人"：党政决策部门、企事业机构和社会。其需求(特别是党政决策部门)具有时效性、针对性、适用性、前沿性、真理性。

作为思想库、智囊团，其知识产品的生产过程实质是用知识生产知识，用知识创新知识。知识的创新性是知识生产有效性的最基本要求。显然，如果生产出来的是已知的知识，这一生产过程是无效的。这是知识生产与物质生产的一个重大区别。物质生产的重复性是有效的，如生产相同的十辆汽车。但知识生产却绝对不可重复生产相同的知识或生产已经存在的、已知的知识。正因为如此，知识产品或知识生产过程就具有明显的不重复性、未知性、不确定性。但是，知识的需求者却对新知识有确定的需求或要求。知识生产起点的未知性、生产结果的不确定性与知识需求的确定性这一矛盾，成为知识生产的基本矛盾。知识生产的另一基本矛盾是如何用有限的资源创新更多更有效的知识。还有一个问题，知识生产或创新直接依赖知识生产者的素质、情绪或状态。不同的人可能生产(创新)出很不一样的知识，关键在于如何使不同的人创新或生产出效果相对类同的知识。

另外，在知识经济时代，有效知识的最先获得对竞争或处理问题具有特别重要的意义。特别是对于决策者而言，知识提供者必须在决策者知识需求的有效时间内提供合适的知识。时效性很强。显然，在决策过程结束后才向决策者提供有关知识，则此知识失去功效性。

(三) 科研工作体系需要创新

知识经济时代计算机技术、互联网技术及知识流动、收集、处理方式的变化，彻底改变了知识生产方式。适应知识需求者的全新需要和知识生产的全新技术环境，创新知识生产方式，这是我们在当前面临的一个极为重要的任务。我们应当根据思想库、智囊团的性质与功能定位，全面创新科研生产方式。

创新科研生产方式的基本原则是精兵、合成、高效。通过系统创新，对全院科研生产进行全面的整合和有机化,以达到高度的创新效能和服务效能。

我们必须以科学发展观为指导,遵循知识生产、创新规律,创新和构建知识创新、生产服务体系(系统),改造和优化知识创新、生产环境,全面提升全院知识创新效能,更有力地发挥思想库、智囊团作用,更快地建设一支战斗力超强的现代智库人才队伍。

目前,我们的科研系统是由过去以个人研究为基础的经院式分散研究方式变异过来的,或仍保留传统科研模式特征,或在变革中还未来得及进行有机化重构。虽然我们已经取得局部变革创新试验成果,但仍未推进功能化、有机化、集成化、规范化、流程化的系统建构。时势需要我们进行科研生产方式革命和科研管理革命,以此巩固与发展科研成果,进一步提升作为思想库、智囊团的服务能力,并通过科研工作专业化、模块化、集成化、流程化、模式化,为保证科研成果的合目的性和效率提供制度化保障。同时使全院科研工作不是依赖某一个人,而是依赖一个工作体系,通过工作体系激活并协调每个人的作用,保障科研效率和成果质量。

二、系统基本建构

(一) 整个系统建构追求的五大目标原则

1. "系统化、集成化"原则,寻求最大整体效能。

2. "专业化、职能化"原则,充分发挥每个人员、每个要素的作用,寻求每一人员、每一要素(部分)的最大活力和效能,使每一人员都成为系统中的专家,努力实现工作人员职能化、专家化。

3. "规范化、流程化"原则,把不确定的知识创新过程转变为相对确定的知识生产流程,使知识生产过程有序化,为每个人、每个部分自主、主动发挥作用提供机制环境。

4. "有机化、成长化"原则,通过系统的有机化,形成强大的外吸纳能力和内消化能力(学习创新型组织),以及自成长能力,使组织不断走向强大。

5. "技术化、模块化"原则,依托计算机和互联网技术系统,促进科研生产过程各要素的有机集成,形成人机结合的集群研究系统。

(二) 上述原则决定科研集成系统由四个支系统构成

一是科研集成管理系统。以科研全过程动态管理系统为主干,解决全院科研活动的规划、决策、指挥以及协调等,主要由院长会议、科研处执行。

二是知识生产流程系统。以所或课题组为基本载体,建立知识创新流程,实现知识创新或知识供给。

三是科研集成支持系统。构建保障知识创新流程顺利运行的支持服务机制,为科研生产和科研运营管理活动提供良好的服务支撑。

四是知识价值实现系统。主要是把科研成果转化为现实的生产力(即产生实际的功用或价值)。

通过科研生产过程集成化、有机化,使科研过程价值多元化或自增殖化,即科研生产过程同时是科研产品创新过程、生产过程,科研人员学习过程、出人才过程,知识积累系统创新过程、再造过程,科研方法持续创新过程,并使思想库、智囊团逐步成为一个有机的自成长的知识活体和知识服务体,具有在知识社会生存、竞争、发展的强大能力。

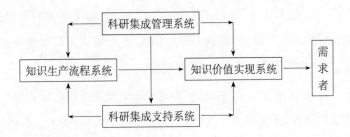

社会科学院(思想库、智囊团)知识创新、生产集成系统

三、子系统分解

（一）知识生产流程系统（由科研处协调，课题组执行，知识创新支持系统配合）

该系统设计基于知识生产和创新的基本原理（即用知识生产知识，用知识创新知识），以及信息学原理、系统工程思维和科研工作基本规律。关键是知识有效创新，同时强调合成高效的目标追求。其基本流程为：知识创新目标、知识信息采集→知识信息处理→知识激活创新（头脑风暴）→知识逻辑化整理→知识标杆检测和提升（二次头脑风暴）→知识产品化处理（撰写研究报告或文章、著作等）。此流程结束，即转入知识价值实现流程，即成果应用转化的处理。

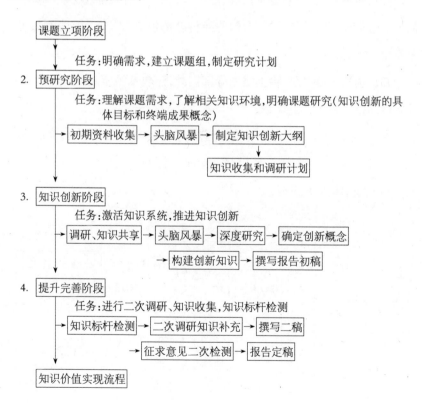

（二）知识价值实现系统（由科研集成管理系统、科研集成支持系统实现）

知识价值实现系统及其流程的基本任务是实现创新知识的应用、价值增值和价值实现，同时进行知识（成果）评价。基本流程：各类科研初步成果→经过评审筛选机制→转化为科研成熟成果→通过各种成果转化渠道→转变为可使用的科研产品与科研服务→为社科院特定的目标客户群体服务。

评审筛选机制：包括课题评审机制、学术报告会机制、论坛机制、专家头脑风暴会机制等。

成果转化渠道：现有渠道除直接以课题研究报告方式提交外，还有《经济社会决策参考》、《专家视角》、《前沿报告》、《广东社会科学》等。拟开辟的渠道包括专门的社科网站、专门的社科电视频道以及专门的报纸专栏、著作出版等。

知识创新服务对象：除上级领导部门外，还包括地方政府、大型企业、社科界同行以及社会公众等。

评价奖励机制：通过领导评价、专家评价、客户评价和社会公众评价等机制，评选优质的科研成果，予以奖励并进一步推广。

系统基本构成和流程：

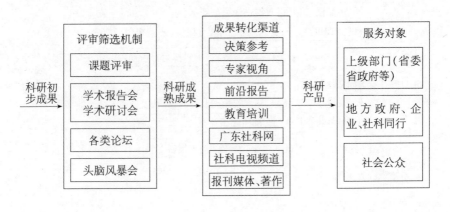

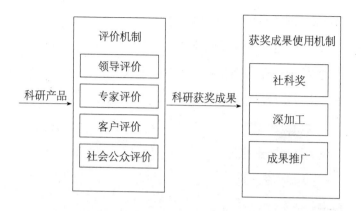

（三）科研集成支持系统（主要由职能部门、科辅部门执行）

1. 资料信息集成支持系统（主要由科研处协调，信息中心执行）

提供支持：预研究的前期资料信息收集处理

知识创新流程中的资料信息伴行服务

创新知识标杆检测的标杆知识提供

科研成果产品化后处理及出版发行

科研成果流通渠道支持

知识流动、集成、共享、流通的技术平台保障

构建专业化知识共享平台和知识存储系统流程：

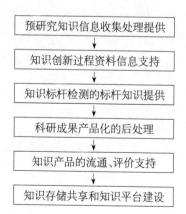

2. 行政后勤服务支持系统（主要由办公室执行）

提供支持：资金配置、运作、财务管理支持

交通、接待、公关服务支持

会议服务支持

其他物质资源支持

相关关系协调支持

合同、法律事务支持

秘书服务支持

3. 人力资源支持系统（由科研处协调、人事处执行）

提供支持：人力资源吸纳

人力资源配置

人力资源发展培训

人事管理

专家数据库（与科研处协同）

人员绩效管理

4. 思想政治支持系统

提供支持：党的组织建设

思想政治工作

人际关系协调

制度道德约束

监察审计管理

5. 公共关系支持系统

办公室、科研处（学术交流中心、外事办）、人事处

6. 其他支持系统

研究生部、科研综合开发中心

媒体刊物、学术交流(国际、国内)

基础理论建设

7. 基本平台建设

科研全过程动态管理系统

OA自动化办公系统

资料数据服务系统(含科研数据库、知识创新标杆检测系统)

门户网站

人机集成科研创新工作平台

行政后勤服务系统

院刊、亚太经济时报、《经济社会决策参考》、《前沿报告》、《舆情精选》等

南方前沿论坛

合办电视理论频道

合办平面媒体理论专刊

(四)科研集成管理系统(由决策系统和组织管理系统执行)

任务:集成全院科研工作,规划计划全院科研工作,配置全院科研资源,组织协调全院科研工作的运行,提供相关科研管理服务,寓管理于服务中。

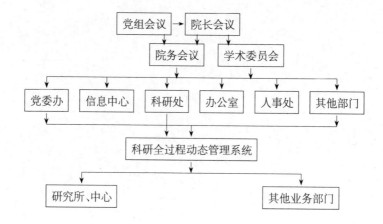

四、重要部门职能专业化

1. 办公室

要按照以科研为中心并实现管理服务职能的功能化、专业化、流程化、集成化的要求进行改组、重构。

2. 科研处

要按照科研全过程动态管理系统运行的要求进行专业职能化、服务化调整改革。

3. 人事处

要按照以科研为中心并实现人力资源的吸纳、配置、提升、服务的要求进行专业化服务管理改造。

4. 信息中心

要按照以科研为中心、努力服务科研和建立知识创新信息支持系统功能的要求进行全面改组并建构名副其实的科研信息中心。

五、科研部门

要按照科研人员知识、能力互补合成需要进行配置,同时加速学习、建立、完善知识创新组织机制。

培养创新科研精神,加强智库建设

贾松青[1]

我国经济社会发展正进入一个转型期,如何认清发展态势,找准科研发展方向,紧紧抓住新一轮战略机遇期,加快新智库建设,是摆在地方社科院面前的一个重要挑战和任务。

一、经济社会与智库发展态势

建设社会主义新智库要从时代发展的高度进行审视,我们要以创新精神推动社会主义新智库建设,努力把四川社科院的社会主义新智库建设提高到一个新水平。当前,国际国内形势正在发生深刻变化,地方社科院的使命任务进一步拓展,这对社会主义新智库建设提出了新的更高要求。在全球经济一体化形成过程中,地方社科院推进社会主义新智库建设必须要重新认识新形势,顺应新潮流,才能把握新机遇,促进新发展。

(一) 世界范围的大变革大调整态势,使社会主义新智库建设面临的国际环境更加复杂

当前,世界多极化不可逆转,经济全球化深入推进,这是当今世界格局

---

[1] 作者系四川省社会科学院原党委书记。

演变的基本走势。国际形势虽然总体保持稳定,但世界仍然处于复杂深刻的变动之中。霸权主义和强权政治依然存在,局部冲突和热点问题此起彼伏,传统安全威胁和非传统安全威胁相互交织。同时,各种思想文化相互激荡,意识形态领域的斗争十分激烈,敌对势力仍在加紧对我国实施西化和分化的战略图谋。这些新的情况和变化必然会给科研工作者带来新的冲击。如何有效抵御这种冲击,不断提高科研工作者的思想政治素质和科研综合能力,这是社会主义新智库建设必须认真解决的根本性问题。

(二) 经济社会的深刻变革和对外开放的不断扩大,使社会主义新智库建设的任务更加繁重

改革开放 30 多年来,我国经济社会发展取得了巨大成就,为社会主义新智库建设注入了新的生机与活力。同时,经济体制的深刻变革、社会结构的深刻变动、利益格局的不断调整,必然会反映到科研工作者的思想上来,使科研工作者的独立性、选择性、多变性和差异性明显增强,科研工作者如果不加强学习,如果不进行知识更新,就有可能导致价值取向偏移,奉献意识不够,进取精神衰退,竞争实力减弱。由于社会利益关系更加复杂,价值观念日趋多样,各种深层次矛盾和问题不断凸显,在客观上也增加了科研工作者辨别是非和进行行为选择的难度,这些情况表明,新形势下的社会主义新智库建设任务越来越重,要求越来越高,难度越来越大。

(三) 各种智库的发展对主流智库构成了挑战,地方社科院面临着"在夹缝中求生存和谋发展"的态势

当前,在智库方面,我国已经形成了社科院、高校、党政机关科研机构、部队科研机构与民间科研机构等"五路大军"。其中,我们作为地方性社科院是地方社会主义新智库,肩负着为地方党委、政府科学决策提供服务的基本职责。但是,在全球经济一体化格局形成过程中,地方性社科院可以说是"在夹缝中求生存","在生存中谋发展",面临着极其严峻的挑战。一是国际智库的发展对我们推进社会主义新智库建设的挑战。随着世界经济一体化的形成,国际智库一方面通过科研基金在华投资和发布科研报告等方式直接影响我国经济社会的发展;另一方面则通过影响世界政治、经济和文化,间接对我国经济社会发展产生影响。二是国内智库的发展对我们推进社会主义新智库建设的挑战。我们作为地方性社科院,是"上不沾天"——即研究国家发展战略,我们的科研实力不足;"下不着地"——即研究具体的产业发展战略,我们又是没有资质的"外行",既因是"外行"而"靠不近",又因是"智囊"而"走不开"。同时,国内智库的快速发展,直接或间接地对地方经济社会发展产生了很大影响,"外来的和尚好念经",特别是"冠北京名号"的各类智库包括中介咨询服务公司,越来越受到各级地方党委、政府的重视和青睐。三是地方其他智库的发展对我们推进社会主义新智库建设的挑战。在"五路大军"中,高等院校具有收费项目;党政机关和部队科研机构享受"公务员"待遇;民间科研机构是自负盈亏的经济实体,其经营方式和方法十分灵活;惟有我们地方性社科院,科研人员的待遇与"公务员"相差很大,又没有专业的收费项目给予弥补,因此,这对于我们加快科研转型和建设社会主义新智库构成了严峻的挑战。

(四) 建设社会主义新智库机遇大于挑战,对地方经济社会的发展正起着必不可少的咨政、服务和参谋的作用

当然,我们推进社会主义新智库建设在面临严峻挑战的同时,仍然具有许多的发展机遇。一是无论是科研人员的成长、学术大家的培育和学科建设的加快,还是智库建设所形成的综合实力,都具有其自身独特的优势。二是地方社科院越来越受到地方党委和政府的重视,我们创建的社会主义新智库,在地方党委和政府的决策过程中的地位更加突出,作用更加明显。三是地方社科院上通各级党委政府,下连基层群众,提出的对策建议的针对性、前瞻性、指导性和可操作性强,这对于有效促进地方经济社会的持续快速健康发展,正在起着必不可少的咨政、服务和参谋的作用。

我们地方社科院是地方政府全额拨款的直属事业单位,基本职责是"三个服务",我们必须深刻思考如何探索适宜地方社科院的生存发展方式?如何加快转变科研发展方式?思想库应当怎样建设?智囊团如何有效发挥作用?什么才是我们思想的来源?什么才是决策者需要的对策建议?这些问题不明白,不深思,我们就难以在激烈的竞争中永远立于不败之地,更难以脱颖而出。因此,如何建设新智库,以区别于高校、政研室和其他咨询机构,这是我们必须正面应对的重大问题。我们现在的许多评价标准都是参照高校评价体系,缺乏地方社科院的独特性和价值性,我们要通过召开新智库建设研讨会等形式,逐步建立起适合社科院系统的评价体系,以有效促进新智库持续健康的自主发展。

二、致力科研原创,提升科研核心竞争力

(一) 原创就是唯一

江泽民同志曾经提出"原始性创新"。其实,原创是学术大家成长的必经之路,是一个科研单位核心竞争力的根本保证。所谓原创就是首创,就是"唯一",而且是"世界唯一",是独一无二。有一位科学家说得好,不是世界第一,算得上什么原创?因为第二与最后一名没有什么两样。原创肯定是创新,但创新不一定是原创,因为创新可以是对已有成果的修正、深化、完善,但不必是唯一,尤其不必是"世界唯一"。

原创成果越多、原创成果影响越大,这个科研单位学术大家的成长就越快,其核心竞争力就越强。因此,加强原创研究,是提高地方社科院的科研竞争力的当务之急。搞好原创,每一个科研工作者都要具有明确的历史使命感和强烈的创新冲动。具有原创精神的人应该是精神独立、思想深邃、人格高尚的人,同时应该是具有完备的知识结构和拥有丰富的创造性

活动经验的人,是具有敢为天下先的首创精神和坚强的意志品质的人,是不做仰人鼻息、拾人牙慧的研究,不在前人的脚印间匍匐爬行,有着不创新不罢休的志向和勇气的人。一个心志软弱、鼠目寸光、自私自利、愚昧褊狭、心浮气躁、唯利是图的人是绝对难以进行原创性活动的,并且不可能在科研创新方面有所作为。

(二)鼓励个人原创

科研人员争当学术大家,必须要按照自己选定的奋斗目标进行原创,执着追求,忘我奋斗,超越自我,为了到达成功的彼岸,一切都要在所不惜。原创最重要的来源就是研究人员的"好奇心"。"好奇心"是原创的原初动力,它是科研工作者在长期研究和实践过程中"一朝偶得之"但又能恒久地推动研究不断深入的内在动力。科研工作者要敢于大胆假设、小心求证,敢于披露自己的奇思妙想,当然,学术创造具有严谨的规范性,而不是某些乱七八糟的胡乱拼凑,要经得起历史和实践的检验,所以,这种基于"好奇心"的大胆假设也就不是胡思乱想,不是去搞"永动机"、"水变油"之类的假科学的妄想,而是要解放思想、实事求是。

在原始性创新的征途上,充满着困难、曲折、坎坷和艰辛。原创不是空隙来风。它必须靠科研人员长期的学习、观察、思考和钻研,才能有所发现,有所发明,有所创造,有所前进。长期而厚实的积累,是原创的基础和条件,也是原始性创新的潜力和后劲。离开了这一基础和条件,什么好奇心的萌发、什么原始创新的机遇,都只是一句空话。牛顿说他能发现万有引力定律,靠的是一直把问题摆在眼前几起几落干了若干年,这就是注重知识的积累,厚积而薄发。

善于提出问题是科研工作训练方面最重要的能力素养。提出一个创造性问题往往比解决一个特定的问题更重要、成就更大。一般来说,提出课题比解决课题更困难。科研工作者成功与否在很大程度上取决于他提出问题的能力,所以说其创造能力首先表现在他提出有价值的问题的能力上。著名物理学家李政道说,随便做什么事情"都要跳到最前线去作战",问题不是怎么赶上"而是怎样超过",要看准人家站在什么地方,有什么问题不能解决,不能老是跟,"那就永远跑不到前面去"。敢于进行原创的人是能够抓住那些重大然而十分困难的课题,而不愿做小而保险的课题的人。同时,表述准确才能够很好地进行沟通交流和获得反馈,推进和催生新的思想理论的发展。不注重表述的培养,不善于表述和沟通,不能够很好地运用符号和形式把自己思考所得很好地表述出来,再好的原创也没有意义。

(三)培育团队原创

原创是一种自主创新,是以科研工作者为主体,自主选择课题,自由进行探索,独立完成研究,其成果带有极其鲜明的个性色彩,也就是通常说的独创性。但是原创同样需要依赖学术对话,需要通过思想的碰撞、交流和交锋。因此,在科研组织方面,要积极组织各种思想的交流活动和研讨活动,开展各种学术讨论,组织不同学科的科研人员平等相处、加强交流、激发新的灵感和思想火花。有了这样的学术氛围和新思想迸发的环境,自然就会诱发出创造性,就容易产生原创性的重大科研成果。

从某种意义上说,科研创新就是科研共同体的创新。没有很好的科研共同体和科学的组织管理,就不可能顺利地使科研创新开展起来。大家应该克服单打独斗的科研组织方式,通过重新配置科研资源、重新组合科研人员、加强横向合作等,培养高质量的学术团队、学术流派,缔造在地方以至全国有影响力的学术团队、学术品牌。只有形成以充分发挥个人创造性为基础的合作团队,才能保持创新的持续。

(四)利用原创成果

原创成果应该是具有很高实用价值的成果,这个实用价值也许是为基础理论的研究开辟了一个新的天地、新的领域，也可能是对应用研究和社会生活的实践具有重要价值，也可能是提出了对人类社会发展具有重要意义的新思想、新观点，但我们要注意把这种成果转化成为一种科研生产力，转化成为对现实服务的有用的指导，或者直接运用与实践。

如何认定原创成果，如何评价原创成果的价值，当前还没有看到这方面的评价体系，如果我们能制定一个这样的评价体系，其本身就是原创的了。虽然，这个工作比较艰难，但我们同样要大胆探索，在实践中不断完善。只有建立起了科研原创成果的评价和激励机制，把相关科研资源配置重点向原创性研究倾斜，重奖原创研究，我们的原创性研究才能比较顺利地推进，我们的核心竞争力也才能够不断地得到提升。我们要大力支持重大课题的原创性研究，特别是要重点支持有影响的原创性科研成果。

（五）争当学术大家

坚持科研原创是争当学术大家的根本取向。地方社科院的每位科研工作者要努力争当学术大家，成为地方上、全国、乃至全世界能产生一定影响的理论工作者、谋略策划者、教书育人者和演讲者。为此，地方社科院的科研工作者一定要肩负责任，严谨问学，诚信做人，树立竞争意识，用自己的科研成果来提升学术价值和学术地位，扩大核心竞争力，争当学术大家。

三、培养创新科研精神，提升科研综合竞争力

意识影响存在，精神决定绩效。精神虽不能直接改变世界，但可以改变人，通过人改变世界。精神的高度决定行为的品格和高度，思想的深度决定学术的力量和深度。科研精神是科研人员的重要精神支柱，是科研人员最重要的思想动力，是科研人员思想意识的集中反映，是科研人员精神文化的核心，它可以激发科研人员的积极性、创造性和拼搏力，从而增强研究所的生机活力和竞争力。科研精神是科研人员一致认同、相对稳定和不

断践行的共同心态、意志品格和思想境界。以四川社科院为例,近年提出的"天纳三才,追求学识;府兴百学,创造新知"的科研精神,就是在科研实践中共同形成并凝炼出的思想财富,具有鲜明的地域文脉、专业属性、个性特点和丰富的文化精神内涵,符合四川社科院实际的科研精神,对于促进四川社科院科研转型,推进社会主义新智库建设,起到了积极的作用。

(一) 创新科研精神

创新科研精神是科研工作者创新性地开展和完成科研活动,掌握正确反映社会状况和发展规律的专门系统知识的心理品质。毋庸讳言,在中国社会由计划经济向市场经济转变的转型时期,人们的价值观念、伦理道德观念发生了某些偏差,反映在学术理论界,即是科研精神沉寂消散、渐趋失落的现象。在科研表面繁荣的背后涌动着科研精神失落的危机。这一危机若不能尽快解除,大而言之,创新型国家的建设、民族的伟大复兴将成为一句空话,小而言之,创新型科研院所、社科院新智库的建设、科研工作者的使命也将成为一句空话。失去了科研精神,第一就不可能有追求真理的信念和勇气,不可能实事求是地进行科学研究,就难以发现真理,难以自主创新。第二必然竞逐于纷华物欲,气躁心浮,粗制滥造,假学术、伪科学盛行,导致学术信任的危机。第三必然趋炎附势,疲心竭力于一己之私,以学术"寻租",加剧学术腐败。第四必然失去学者的良心和使命,不分辨真善美和假恶丑,不关心正义和邪恶,不关心国家和人民的命运,学者将失去自己的舞台,将失去自己的价值,最终被历史淘汰出局。因此,科研精神十分重要。可以说,培育科研精神是科研机构的核心任务,坚守科研精神是学者的职业品质。

(二) 培养科研能力

科研能力是科研主体在各学科领域进行科学研究活动的能力。它包括两个层次:机构、地区甚至国家层次上的科研能力;个人层次上的科研能力,例如,科研工作者的科研能力。后者是前者的基础,前者是后者的综合表现,只有个体科研能力的提高才能获得单位整体科研能力的提升。

科研能力表现在以下几个方面。一是选题策划能力。它是指能够把握学科发展前沿,洞悉重大社会问题的本质,选准有需求、有创新、有远见、有质量的课题,并能够把课题设计精美、论证精辟、包装精致,精准"发射"到课题需求方的能力。课题选择必须符合社会需求,才能发挥其现实价值;课题设计必须包装得好看,才能被别人赏识。二是研究技术能力。它是指能够熟练使用适合本项科研活动的方法技术的能力,使用不同的方法可能会得到不同的研究结果,使用一种新的方法可能获得突破性的研究成果。科研人员应当全面掌握现代社会研究方法体系,特别是从事经验研究的学者。要利用本学科的实验基地,应用数学模型等科研方法,提升科研的技术含量。社会科学的研究方法并不是没有技术含量,而是与自然科学一样具有技术含量,只是我们社科研究者没有把它当作一门技术在认真操练和恰当运用,从而降低了它的技术含量,也降低了人们对我们的技术评价。三是成果转化能力。它是指将科研成果转化为实践运用的能力,关于这个话题,我们以前谈得很多了,核心一点就是科研成果不能老是关在书房里,自我欣赏,而要走出书斋,走出社科院,为现实服务,为社会服务。既重视现实的科研能力又重视潜在的科研能力才能实现科研能力的可持续发展。

(三) 突出科研文化

科研文化是解决科研精神和科研价值取向问题。科研文化有别于企业文化,企业文化是追求利益的最大化;而作为科研单位,重点是在追求社会利益最大化的同时,实现个人价值的最大化。科研文化是在长期科研实践中历练凝结起来的一种价值理念、精神境界和行为方式,它的培育和发展是一项复杂的系统工程。科研文化具有凝聚、约束、激励、导向、纽带和辐射等功能,是培育创新思维、造就创新人才、做出创新成果、实现可持续发展的保障;是发挥科研人员积极性、智慧和创造力的最佳驱动器,是增强科研凝聚力、科研竞争力和科研保障力,确保科研生存与发展的根本基础,是使科研团队精神与个体精神相融合的最佳糅合剂。因此,只有突出科研文化,才能提升科研综合竞争力。每一个科研人员都必须要树立良好的竞争理念,主动参与竞争,通过竞争加快成长,通过竞争成为"学术大家",通过竞争形成强大的科研综合竞争力,否则就会被"优胜劣汰"。

四、继续推进科研创新的几点思考

(一)创新科研角色定位

鼓励科研人员要"一专多能",但首先必须是"专",在"专"的基础上才能成为"多能"的学术大家,才能成为"多智"的决策大师。因此,青年科研人员必须要准确地进行"角色定位",坚持"个人志愿与科研需求"相结合的原则,选定一个科研方向,坚持深入研究,以期取得新成果。地方社科院要继续完善科研方向的选择,为年轻人创建热爱科研、献身科研和争做贡献的科研生态环境。科研人员所进行的科研工作,其主攻方向和科研考核内容都必须以择定的科研方向为基准,偏离科研方向的成果不纳入科研考核内容,这要成为科研人员共同遵守的一个制度。

(二)创新科研人才培养

创新科研人才培养,就是要大胆启用青年科研人员,给青年科研人员加任务、压担子,使青年科研人员在科研实践中加快成长。要继续通过各种渠道,有计划地选送专家和青年科研人员到中央、省、市、县和企业挂职(或调研,或实习)或参与经济社会发展研究和项目工作。继续为老专家搭建科研平台,采取开设专题讲座、经验交流、申报课题和参加论坛等形式,把老专家从事科研的精神、方式和方法传授给中青年科研人员,充分发挥老专家的"余热"作用,带动和促进中青年科研人员"崭露头角"。把一批具有开拓进取精神和年富力强的中青年科研人员逐步选拔到院(所)级领导岗位上来,有效促进科研水平的提升。要根据新智库建设的需要,调整和完善研究生教育方案,加大科研应用型人才培养力度,增设经济社会发展急需的研究方向,培养社会急需的建设人才。

(三) 创新科研管理服务

要围绕科研发展,盘活科研资源"存量",有效整合科研资源,选准切入点,进一步深化科研体制和机制改革。要进一步加大竞争性选拔干部工作力度,继续完善公开选拔和竞争上岗制度,坚持标准条件,突出岗位特点,注重能力实绩,完善程序方法,改进选拔工作,提高工作质量。继续完善全员竞聘上岗工作,最大限度地调动科研人员的主观能动性,促进科研人员的合理流动及优化配置,促进学科发展。继续打造"五名"(即名院、名所、名家、名刊和名网)品牌,创新文献信息和图书管理工作机制,提高文献信息服务于科研和服务于教学的水平。

实施地方社科院跨越转型战略的理论思考

杨尚勤[1]

跨越型转型是提升地方智库服务能力的重要途径,也是对地方社科院发展的新探索。

一、跨越转型是发展的大趋势

为什么要提出跨越转型战略?这主要基于以下三个方面的因素。第一,跨越转型是发展的大趋势,也是全国各地方社科院的共识。近年来,全国地方社科院最集中的一个话题就是地方社科院的转型问题。究其原因,一是国家在从计划经济向市场经济过渡完成后,作为"计划经济最后一个堡垒"的社科院怎么过渡、怎么适应的问题;二是2004年中央三号文件出台以来,各地方社科院都在探索转型,在转型的过程中有很多观念的碰撞,问题并没有得到很好地解决;三是国外智库模式的启示。国外智库的影响力越来越大,智库在一个国家的软实力中占的分量越来越重,有人说智库是软实力中的硬实力。这些年国内也在思考怎样借鉴国外智库的经验。

第二,跨越转型是各地方社科院服务地区经济、社会发展的需要。以

---

[1] 作者系陕西省社会科学院原党委书记、院长。

陕西社科院而言,就是要更好地服务于西部强省建设,发挥好思想库、智囊团的作用。但客观地讲,地方社科院的思想库、智囊团作用发挥得还远远不够。在宣传自我、希望引起领导重视、寻找自尊时,说点大话可以理解,但要真正成为地方党和政府时时想得起、用得上、靠得住的思想库和智囊团,我们在思想观念、发展模式、体制机制、管理水平、成果数量和质量等方面还有较大欠缺。

第三,跨越转型是地方社科院自身发展的必然选择。发展是硬道理,发展应该也必须是我们社科院工作永恒的主题。目前,地方社科院系统内部存在的主要矛盾仍然是发挥作用的高要求和发展的低水平之间的矛盾,求发展已经成为全国地方社科院上下的热切期盼和高度共识。就陕西社科院而言,要在原来比较低的发展水平上,在尽可能短的时间里达到一流水平,靠常规发展是不行的,必须跨越发展。除了寻求大跨越以外,就是转型。如果转型转得好,就有可能走出一条有自己特色的地方社科院的发展之路,走出一条更科学的路子,这样就给我们的跨越提供了更大的可能性。

二、跨越转型的基本内涵

关于发展目标问题,各地方社科院都提出了切合自身实际的目标。如上海社科院提出了构建"国内一流、国际知名的社会主义新智库"的目标,浙江省社科院则提出了建设创新性智库的目标等。就陕西社科院而言,我们提出:坚持为党的理论创新服务,建设马克思主义坚强阵地;坚持为建设西部强省服务,建设名副其实的省委省政府的思想库、智囊团;坚持为全社会服务,成为社会认可的重要智库。同时我们还提出了要创建"创新之院、文明之院、和谐之院"的目标。关于地方社科院跨越转型战略的总目标,我认为一是要努力建成国内一流的地方智库;二是建成特色鲜明的社会主义新智库。

关于跨越转型的基本内容,可分跨越和转型两个方面来说。"跨越"有四个方面的主要内容:第一是思想观念的跨越。我们提出了牢固地树立发展意识、创新意识、服务意识、责任意识、开放意识、竞争意识等六大意识,提出了追求卓越、鼓励创新、宽容失误、拒绝平庸的口号。第二是办院条件和办院规模的跨越。要成为全国一流地方智库,首先地方社科院的建设规模条件得上去,基础和硬件要跟上。一是学科要比较齐全,学科覆盖面要广;二是专业人员的数量和水平;三是办院的空间条件、办院的经费要有一个大的支撑。第三是科研实力和水平的跨越,具体就是科研成果要数量多、质量高、影响大。第四是社会影响和社会地位的跨越。要成为地方党和政府名副其实的思想库、智囊团,要成为引领社会发展、引领社会生活的智库。现在智库发挥作用一个很重要的方面就是通过影响大众和媒体来影响决策。

关于"转型"也有四个方面的主要内容:第一是发展模式的转型。从求生存到求发展的转型,从封闭到开放的转型,从纯实体到实体加网络的转型。第二是体制机制的转型。以陕西社科院为例,通过学习实践科学发展观活动,我们明确了两个体制和两个机制。就体制而言一个是牢固确立开门办院的发展体制,二是强化内部管理体制。就体制而言我们确立了"五大工程"(陕西经济社会重大问题研究工程、陕西省情研究出版工程、陕西智库平台建设工程、学科建设工程、人才队伍建设工程),并以此引领全面工作的机制,确立了"目标导引、考核激励、宏观规范、微观搞活"的运行机制。第三是学科设置的转型。学科设置的转型目标应该为:一是学科要比较齐全;二是学科要特色鲜明;三是要形成若干优势学科;四是科研转型。实现由重数量向重质量转变,从一般的理论研究向有针对性的、精品化的研究转变,从重视出成果向重视成果转化转变。

这里再专门强调一下,我们需要什么样的科研成果。从智库的一般特点来说,它的科研成果应该有三个特点:一是独立性。社科院与政府的关系,应该是"若即若离"的关系。所谓"若即"就是我们的工作要紧紧围绕政府展开工作,紧紧依靠政府。所谓"若离"就是我们研究成果的观点要有独立性,不一定与政府的观点完全一致。否则你只是一部解读政策的机器,政府花那么多钱来养你有何意义?二是思想性,也就是成果要有战略性、全局性和前瞻性眼光。三是专业性。研究成果要有说服力就必须专业。从政府需求的视角来看,有一些要求与前面三个特点重叠,另外,政府需求还要求地方社科院的研究成果有三个特点:实用性,政府需要我们研究的就是决策急需的;可操作性,研究成果要有独特视角,更重要的是建议要有可操作性;快捷性,许多问题都是决策急需的,在决策咨询建议方面,时间就是生命。

三、跨越转型的战略取向与路径选择

第一,借势发展战略。社科院是"弱势群体",资源有限,所以借势发展战略应该作为一个重大的战略路径选择。借什么势呢?目前两个方面的势可以借,第一是借国家和地方发展的大势。例如,陕西社科院抓住国家实施"关中—天水经济区"规划这个势,乘势而上;江西社科院紧紧围绕"鄱阳湖生态经济区"建设开展课题研究和政策咨询;上海社科院追踪世博会效应,提出并开展"世博后"研究。第二是借助强势。"弱势群体"要借助强势。目前,许多地方社科院,如内蒙古自治区社科院、黑龙江社科院等都与中国社科院合作建立了国情调研基地,陕西社科院也推动陕西省政府和中国社科院签署了战略合作协议,共同建设"关中—天水经济区发展研究院"、中国西部(陕西)智库园、中国西部农村发展研究培训中心等。

第二,整合资源战略。整合资源就是创新,整合资源就可以创造财富、创造效益,关键要看整合得妙不妙,能不能使各方利益达到一个共同的契

合点,这要靠智慧。地方社科院的优势是品牌、平台和人力资源,除了这些软资源优势之外,我们没有硬资源,所以只能靠智慧来整合社会资源,为我所用,合作共赢。

第三,外延扩张战略。外延扩张说白了就是占地盘,首先要确保我们现有的地盘一个都不能丢,同时还要扩张地盘。占的地盘大了,运作空间、影响力等都会跟着提升。

第四,内涵提升战略。内涵提升战略的核心在于创新,实际上是一种优化组合,包括科研创新、管理创新、体制机制创新等。通过内涵提升战略,生产力水平将大大地提升。

第五,比较优势战略。我们在规模、实力、研究人员数量、经费等方面都不占优势,所以必须寻找比较优势。跟中国社科院比,地方社科院的比较优势就是熟悉省情、市情,我们就要把这个比较优势发挥足。跟高校相比,地方社科院的实际研究能力强,我们一定要把这个优势发挥出来。跟政府部门相比,我们一定要专业,政府部门也有较强的研究能力,但从专业性上讲我们要取胜。跟民间研究机构相比,我们要体现出"强势"地位,我们是官办的"思想库、智囊团"。与社会各合作方相比,我们要体现出社科院的特殊平台。

第六,项目带动战略。我们靠传统的办事业单位的日常运转方式不可能有大发展。实践证明,经济建设、社会发展都要靠项目带动战略。社科院的跨越转型也必须寻求并依靠大项目,没有项目带动就只能慢慢发展。

实　践　篇

提升服务决策水平
牵动新型智库建设

黑龙江省社会科学院

近年来,黑龙江省社会科学院紧紧把握地方社科院职能定位,围绕省委、省政府中心工作和全省经济社会发展大局,以提升应用对策研究水平为突破口,以富有成效的决策咨询服务赢得省委、省政府的重视和支持,赢得社会各界的关注和认同,实现了有为有位,引领和牵动了新型智库建设,取得一定成效。我们的主要做法是:

一、围绕大局,多层次服务决策咨询

我院主要从"积极主动服务省委中心工作"、"搭建平台提供理论支撑"、"引进国内外智力资源"、"延伸服务触角"四个方面,围绕中心、服务大局,构建多层次、全方位服务全省经济社会发展的决策服务咨询体系。

(一)积极主动服务省委中心工作

近年来,围绕省委中心工作,我院不断强化服务意识和服务能力,努力跳出黑龙江,从全国乃至更宽的视野出发,借鉴外地做法,分析汇总成功经验,认真研究黑龙江的发展问题,为省委决策提供咨询服务,努力做到有为有位。一是围绕中心选题立项。2008 年以来,我院紧紧把握省委实施"八大经济区"、建设"十大工程"的战略思想,在选题立项上做到三个主动:主动围绕我省经济社会又好又快、更好更快发展中亟待解决的重大理论和现实问题确立研究课题，开展前瞻性、战略性研究；主动报请省领导审批圈定年度重点研究课题；主动承担省领导下达的研究任务，其中，经省委书记圈批立项的年度重点研究课题就达 32 项。这些措施使我院的应用对策研究能够紧密结合我省发展形势，紧扣省委中心工作，确保研究成果有价值、用得上、靠得住。二是集体打造重点攻关。对确立的重点科研项目整合全院科研骨干力量，同时吸收院外专家参与，采取自主研究与联合攻关相结合的方式着力打造。专家学者反复锤炼、严格把关，往往数易其稿，以保证成果质量。三是大力促进成果转化。近年来，我院推出的大部分应用对策研究成果得到省委、省政府的充分肯定。其中，省委书记委托的重大项目"我省城镇化道路"研究成果《龙江崛起在此时》等 4 篇调研报告获吉炳轩书记高度评价，并以专题调研报告、工作交流和省委文件的形式印发全省。"解决制约我省科学发展的体制性、结构性问题研究"、"我省抢抓日本灾后重建重大契机的对策建议"等成果获吉炳轩书记等省领导好评，进入省委决策，被相关部门转化应用。关于实施跨越式发展战略的研究、创新省级发展战略的研究、提升铁路运能的研究、粮食产能的研究等 50 多项成果得到了省委书记、省长等省领导的重要批示，以及各厅局、地市领导的重视，被相关部门采纳，得到了很好的转化运用。

（二）搭建平台提供理论支撑

近年来，我院举办三届东北亚区域合作发展国际论坛、四届中俄区域合作与发展国际论坛、两届哈尔滨与世界犹太人经贸合作等国际论坛，努力培育有国际影响的学术研究交流品牌。尤其是近年来连续举办的东北亚区域合作发展国际论坛，已成为推动中俄经贸往来、深化黑龙江省与东北亚各国的区域合作的重要学术和理论平台。我院还以"创新省级发展战略"为主题，举办全国社科院院长高层论坛，为省委、省政府科学编制"十二五"规划建言献策。同时，每年推出黑龙江经济蓝皮书、社会蓝皮书、农业发展报告、生态发展报告、旅游绿皮书，与吉林、辽宁社科院合作完成东北地区发展报告等成果，作为省委、省政府和有关部门了解省情、科学决策的重要参考。通过这些平台，我们汇聚国内外优秀专家的智慧，为黑龙江省的发展提供理论支撑。

（三）引进国内外智力资源

一是促成了黑龙江省与中国社科院的省部合作。2009年中国社会科学院国情调研黑龙江省基地在我院挂牌，双方联合开展了多次国情调研，并将"东北亚经济贸易开发区研究"课题纳入中国社科院国情调研项目中，由两院人员共同开展研究，实现了我国顶级智库与沿边开放大省、资源大省、农业大省的全面合作，为黑龙江的发展获得了国家级智库的支持。二是与莫斯科国立社会大学、日本斯拉夫研究中心、韩国产业银行等国外组织特别是东北亚国家十余所大学和研究机构建立了学术交流合作关系，我们还聘请国内外政要和著名学者为我院名誉研究员，参与我院学术活动，为推动黑龙江省对外合作交流提供学术和理论支撑。三是与省内各相关厅局、市地、高校和大中型企业进行广泛联系与合作，推动科研资源和社会资源的有机结合，实现跨学科、跨单位的联合攻关。我们还进一步深化与兄弟省市社科院的合作，初步形成了我院与吉林、辽宁、内蒙古社科院联合开展区域重大课题研究的合作机制。

（四）拓展服务空间延伸服务触角

从2006年起，我院已陆续在全省组建了12家市地分院，设立了3个省情调研基地。分院在服务地方经济社会发展，配合省院开展课题研究、省情调研等方面发挥了积极作用，分院自身得到了发展，从而实现了双赢，也进一步拓展了我院的服务领域，延伸了服务触角。多个市、地区主动邀请我院专家学者参与当地"十二五"规划的编制，我院服务地方经济社会发展的领域进一步拓展,层次不断提高,赢得了地方党委政府的重视、信赖和认可。同时,我院还获准成立了东北亚区域经济研究基地、全省反腐倡廉建设研究基地、黑龙江省历史文化研究基地等,并积极开展了对相关领域的研究。经过我们的努力,既直接服务于省委、省政府中心工作,又可以通过市地分院和省情调研基地为基层党政部门提供决策咨询服务的格局形成。

二、深化改革,为高水平决策咨询服务提供保障

以激活科研生产力为根本目的,近年来,我院不断深化改革,破解制约发展的体制机制问题,为提高决策咨询服务水平提供保障。

(一) 打破了职称终身制

一是大幅提高聘任标准,出台了《专业技术职务业绩与成果量化评分标准》。该办法实行以来,取得了令人满意的效果,总体运行顺畅。二是调整了聘任周期,出台了《专业技术职务岗位定期聘任管理办法》。以三年为周期,实行定期聘任制,聘期内专业技术人员考核采取年度考核和综合考核两种方式,并将综合考核结果作为下一聘期聘任的主要依据。专业技术人员聘任标准的调整和专业技术职务岗位定期聘任管理办法的出台,打破了职称终身制,转变了科研人员的固有思维,使其既受到激励也感到压力,促使大家都把主要精力用在出成果、特别是出精品成果上。

(二) 形成了以成果论英雄的导向

我院修订完善了《科研人员考核办法》,加强了相关配套制度的内在联系。通过对专业技术人员采取年度考核和三年聘期内综合考核的方式,特别是允许从事基础研究的科研人员年度缓考,成果累积计算,鼓励出精品、出大部头著作,我院增加了考核工作的弹性,为科研人员出精品成果提供了机制保障,使考核更加全面,量化更加具体,并提高了对考核结果的使用力度。建立客观公正、合理高效的评价体系和激励机制,构建竞争择优、以

成果论英雄的用人机制,对于规范管理,调动科研人员的积极性和创造性,多出成果、多出人才,切实提高我院科研能力和水平起到了重要的推动作用。

(三)建立了集体打造精品的模式

为加强对课题的管理力度,我院制定出台了《课题规范管理办法》,对各类课题统筹管理进行分类和分级,使课题的运作与研究人员考核紧密结合,避免了工作上的脱节,也使课题管理工作进一步得到规范。我们尤其是对青年课题和省委书记交办课题的管理办法进行了较大调整,取得了明显效果。在青年课题的管理上,我院以扶持、引导和规范为目的,改变了以往简单立项、简单结项的管理方式,每年通过青年课题立项时的论证、结项时的观点阐释和专家对研究成果的审读评判,加速了青年人员的成长。在省委书记交办课题的管理上,我院明确管理方式,由资深专家和青年梯队共同组成的课题组集体攻关,并经专家组集体把关,这一做法取得了明显的效果,研究成果获得了省委书记的批示,我院应用对策研究在省内也抢占了高地。

(四)加大了人才引进和培养力度

为提高我院科研队伍素质,建设结构合理的人才梯队,增强科研后劲,我院不断加大人才的引进和培养力度。一是在人才引进上,提高进院门槛,把年轻化、博士化、专业技术职务高级化作为引进科研人员的最低标准,从而优化我院科研人员队伍的年龄结构和学历结构,为事业发展储备人才。二是在人才培养上,重用中青年骨干人才。对政治素质强、业务能力强、研究水平高的中青年干部,提前压担子,在使用中强化培养,几年来,已有22名中青年骨干人才担任中层领导职务,部分中青年人才已经开始承担国家和省级课题以及省主要领导交办的课题。三是在培养青年后备人才上实施了人才成长硕博工程,制定了科研人员三年内实现硕士化时间表,出台政策,鼓励科研人员攻读博士学位。采取设立青年课题(要求课题结项时有成果发表,对于发表在核心期刊上的成果,提高结项等级)、增加课题经费、吸纳青年人员参加省委书记交办课题等措施,提高青年人员科研能力,加大对青年科研人员的培养。

(五) 扩大了奖励资助科研成果范围

为鼓励科研人员多出精品,我院出台了《优质成果奖励规定》和《学术著作出版资助办法》。新办法扩大了奖励的范围、奖励的等级,加强了奖励的力度,鼓励科研人员打造高水平学术专著。例如,明确规定了"对于出版社级别比较高的学术著作给予出版资助;对于经过专家论证认为学术水准比较高的学术著作给予出版资助"等一系列具体措施,可以说,进行出版资助是对精品力作的另一种奖励形式。这一办法执行以来,我院出版学术著作和在核心以上学术刊物发表文章的数量已有了明显增加。

三、以提升决策服务水平全方位引领新型智库建设

近年来,我院应用对策研究成果得到了省委、省政府的高度重视,省委书记吉炳轩同志在肯定我院工作时,做出了"要发挥好我省社科理论队伍这支重要力量,运用好社会科学研究方面的成果"的重要批示,并在 2010 年我院建院 50 周年期间,发来亲笔贺信,肯定我院在服务省委中心工作,服务全省经济社会发展中发挥了思想库、智囊团的作用,成效显著,硕果累累。2011 年 6 月 3 日,省委书记吉炳轩主持召开社科理论工作者座谈会,与我院负责同志、专家学者座谈并作重要讲话,对我院工作给予充分肯定。可以说,富有成效的决策咨询服务为我院赢得了地位,赢得了支持,也赢得了良好的发展环境,尤其是为进一步争取省财政的支持和投入创造了条件,其对新型智库建设的全方位牵动和引领作用正在逐步显现,具体表现在四个方面:

一是重大应用对策研究得到进一步加强形成了省委书记、省长下订单,社科院组织生产,确保课题研究成果用得上、靠得住的良性互动格局。社科院智库作用也进一步得到了省内各职能部门和市地党委、政府的高度认可,省发改委、省委政研室等部门也越来越多地主动邀请我院参与全省经济社会发展规划制定以及重大理论现实问题的研究。

二是优势特色基础理论研究得到了支撑,形成了应用对策研究与基础理论研究互为依托,相互支撑,以应用对策研究争取资源反哺基础理论研究的良好局面。目前,我院省级重点学科数量增加到 16 个,在全省基础理论研究中的学术地位进一步得到巩固。今年,拟投资 2 000 万元的"黑龙江历史文化研究工程"即将启动,将成为融汇多个学科,支撑我院基础理论研究发展的重大项目。

三是为加快基础设施建设创造了条件。为支撑我院做强科研,更好地发挥智库作用,省委、省政府已决定加大投入,支持我院通过异地换建高水准地打造中国社科院国情调研黑龙江省基地和社会科学创新基地两大基地,使之成为借助党中央、国务院的思想库、智囊团服务我省科学发展的省部科研合作基地。我院同时建设了全省哲学社会科学文献信息中心,改变了目前信息资料枯竭、现代电子信息设备短缺的局面。

四是牵动了办学办刊水平的进一步提升。以科研为中心,为学术作支撑,近年来我院办刊办学水平也得到了明显提升,形成了以《学习与探索》为龙头,以《黑龙江社会科学》、《西伯利亚研究》、《黑龙江年鉴》、《中国—东北亚国家年鉴》为支撑,优长突出、特色鲜明的办刊格局。教育事业经过多年的发展,已逐步成为具有社会科学研究机构特色的办学品牌。2011 年,在原有 8 个硕士点的基础上,我院又成功申报了四个硕士一级学科,招生规模扩大 70%,为社会输送人才、为科研培养骨干的能力不断增强。

基础与应用并举　特色与品牌双赢
努力提升智库的生命力和影响力

内蒙古自治区社会科学院

"十一五"期间,内蒙古自治区社会科学院坚持理论联系实际,积极推进理论创新,努力建设哲学社会科学创新体系。秉承"担当使命,直道而行"的理念,我院进一步推进"学科立院、人才强院、精品兴院、开门办院"发展战略,依托基础优势学科、强化应用对策学科,突出民族地区特色、打造知名学术品牌,下大力建设以"三个中心、两个基地"为主要内容的社会主义新智库,推出了一批高质量的科研成果和高水平的智库人才,为自治区经济社会文化发展提供咨询服务的水平有了明显提升,"智库"作用得到有效发挥。

一、积极创新基础理论研究学科体系,努力开拓基础研究为现实服务新领域

内蒙古自治区社科院自建院以来,蒙古学作为我院具有民族特色和地方特色的学科,一直是我院的立院之本,也是我院推进基础研究为现实服务的前沿阵地。为加快基础理论创新平台建设和人才队伍建设,我们不断加强蒙古族历史、语言、文学学科建设,积极培育蒙古族哲学及社会思想、蒙古族法制史、蒙古族文化学科体系及推进蒙古语言信息技术研

发,同时,我院发挥在蒙古学研究方面的影响力,近年来为整合蒙古学的研究力量做了大量工作。2010年,我院牵头积极申请,国家民委、民政部正式批准成立"中国蒙古学学会"并将机构地址设在我院。目前,按照有所为有所不为的原则,我院的蒙古学现有学科的作用得到了充分发挥,特别是在有力地支撑草原文化的研究上发挥了不可替代的作用。此外,我们已形成具备由"两会"(即"中国蒙古学学会"和"中国蒙古学国际学术研讨会")、"两刊"(即《中国蒙古学》和《蒙古学研究年鉴》)构成的完整的高端学术平台,为蒙古学研究的深入发展和提升我国我区蒙古学在国际蒙古学学术界的"话语权"创造了良好的条件。在民族理论与民族政策研究方面,近年来在原有基础上,我院根据科研力量的情况正在采取措施,力求逐步恢复学科规模,做出应有的学术贡献。在民族学研究方面,发挥我区及我院达斡尔、鄂伦春、鄂温克"三少民族"研究的学科优势。为整合"三少民族"研究的科研资源,我院成立了"三少民族"研究中心,使"三少民族"研究这一学科在我院得到不断加强和发展,成为为"三少民族"经济社会文化发展服务的有力的学术智库。与此同时,我院积极开展草原文化学研究,努力打造拓展草原文化学科建设的平台,如通过成立"中国草原文化研究中心"、"内蒙古草原文化学会"、"内蒙古草原文化研究基地"和持续举办"中国·内蒙古草原文化主题论坛"等,为草原文化学科体系建设和不断推进草原文化学术研究创造了良好的条件。目前在我院已形成蒙古学、民族学、草原文化学等为代表的基础优势特色学科的学科格局。积极创新基础学科建设模式不仅为这些学科的纵深发展提供了强有力的支撑,同时基础理论研究在自治区文化建设中的智力保障作用愈加凸显,对我区民族文化建设的影响也更加深远,它开创了基础理论研究为现实服务的新境界,很好地适应了智库建设和我区经济、社会发展我院的新要求。特别是2004年"草原文化研究工程"启动以来,我院已取得了以《草原文化研究丛书》为标志的 1 000 多万字的科研成果,提出的"草原文化是中华文化三大主源之一和重要组成部分"等一系列重要观点受到党和国家领导人的肯定,提出的"崇尚自然、践行开放、恪守信义"的草原文化核心理念成为我区建设民族文化强区的重要指导思想并深入人心。草原文化学已进入大学研究生教学领域;草原文化现已成为我区最具影响力的文化品牌;草原文化核心理念、草原文化资源开发利用及其产业化发展为推动内蒙古自治区经济社会又好又快发展注入了新的活力,提供了强大的精神力量。

二、积极创新科研组织管理机制,进一步拓展应用学科智库服务新空间

近年来,我院不断加大应用对策研究的力度,从机构设置到科研力量的补充以及制度建设等方面都取得了较大成就,科研重点和方向进一步明确,申报和完成国家级课题的数量逐年增加,服务决策、服务社会的能力日益提高。目前,我院新增应用学科研究所三个,从科研机构设置上已构成对经济、牧区经济发展、政治学与法学、社会学、俄蒙研究、公共管理、城市发展等我区主要应用对策研究领域的全覆盖。特别是我院加大"开门办院"力度,不断创新不同所有制形式、不同学科、部门和行业的开放式科研组织管理机制,整合优化科研资源,进一步加强了"请进来、走出去"、"为我所用"的学术互动和跨地区的科研攻关。我院与蒙古国科学院的合作不断深化,同俄罗斯、日本、挪威等国家人文社会科学科研机构的学术合作与交流不断推进。中国社会科学院在我院成立"中国草原文化研究中心"和"中国社会科学院国情调研内蒙古基地"两个国家级的科研机构。我院还同清华大学、中央民族大学、南京大学等高等院校以及吉林社科院等科研机构建立了学术交流和课题合作关系。此外,我院先后在鄂尔多斯市、乌海市、通辽市、呼伦贝尔市成立分院,并同鄂尔多斯市委市政府联合组建了内蒙

古城市发展研究院,在通辽、呼和浩特市托克托县建立了"内蒙古社会科学院区情调研基地"。目前,我院辐射国内外、上至国家社科研究等机构和著名高等院校下至盟市旗县村的"开门办院"格局已经形成。

作为应用对策研究的重要平台,"两刊"即《领导参阅》、《内蒙古舆情》和"两书"即《内蒙古自治区经济社会发展报告》(经济社会蓝皮书)、《内蒙古自治区文化发展报告》(文化蓝皮书)的服务咨询水平不断提升,《领导参阅》和《内蒙古舆情》刊发的研究报告保持了较高的批示率,得到上级领导机关的肯定和自治区同行的广泛赞许。《内蒙古人才蓝皮书》(合作)、《内蒙古自治区季度经济运行分析》、《东北蓝皮书》(合作)等成为我院应用对策研究新的平台,为自治区党委、政府的科学决策和经济社会又好又快发展提供了有力的智力支持。我院较好地完成了一批自治区党委、政府委托的课题,参与了自治区经济社会发展"十二五"规划纲要,自治区、厅局、盟市有关重要文件的调研、起草工作并产生较好的影响。我院服务决策和社会的领域与深度不断扩大,在体现时代性、战略性、前瞻性、可操作性和实效性方面取得新进展,进一步提高了我院科研成果转化的能力,在参与社会公共事务方面拥有了更多的"话语权"。此外,我院不断加大开展学术交流活动的力度,先后组织了老专家系列讲座、所长讲坛、青年论坛,并邀请院内外及国外学者作学术报告等;成功举办了两届"中国蒙古学国际学术研讨会"、七届"中国·内蒙古草原文化主题论坛"、两届"达斡尔、鄂温克、鄂伦春经济文化学术研讨会"、两届"国际母语日"纪念活动等,使我院作为智库发挥的影响不断扩大。

三、大力推进重大项目实施,在基础理论与应用对策研究的结合上积极发挥智库作用

1. 深入开展草原文化研究。在自治区党委、政府的高度重视和支持

下,作为我区民族文化大区建设"九个一批"重点内容之一,我院自 2004 年7 月开始组织实施国家社科基金特别委托项目"草原文化研究工程",坚持学科建设与人才培养并举、学术研究与新闻宣传互动的指导原则,全面推动了"草原文化研究工程"的深入进行。经过几年的努力,一大批研究成果引起学界和社会的广泛关注。2009 年 7 月 13 日《光明日报》在第一版发表文章,对近年来的草原文化研究给出如下评语:"草原文化与黄河文化、长江文化一样,是中华文化的重要组成部分,是中华文化的三大主源之一。这一论断具有划时代的意义,是我国文化史在进入 21 世纪最具突破性的理论创新成果。"草原文化已成为引领内蒙古自治区民族文化大区建设的一面旗帜和动员、凝聚全区各族人民为内蒙古经济社会又好又快发展而奋斗的巨大精神力量。该项目现已完成一期工程,二期工程已于 2008 年 8月启动。

2. 实施"北部边疆历史与现状研究"项目。根据中宣部的部署和全国社科规划办的安排,由内蒙古自治区党委宣传部组织中国社会科学院中国边疆史地研究中心和我院共同承担该项目的组织实施工作。2010 年 8 月,该项目正式启动,它是继"东北边疆历史与现状系列研究工程"、"新疆历史与现状综合研究项目"、"西南边疆历史与现状综合研究项目"之后又一重大的边疆系列研究项目,将极大地完善我国边疆地区历史与现状的系列研究,进一步推动我院基础理论和应用学科建设的加强,使我院边疆学科的研究及成果提升到国家级层面,为我院成为自治区党委、政府的"新智库"发挥更大的作用。

3. 组织实施"内蒙古民族民间文化遗产数据库"建设工程。该工程自2004 年 10 月启动以来,经过项目组 5 年的努力,于 2009 年 7 月圆满完成设计任务,使该数据库成为第一个少数民族民间文化遗产综合性大型数据库,也使我区成为国内第一家拥有少数民族文化遗产数据库的省区。"数据库"内容包含民俗、民间文学、民间艺术、民间文化传承人等 4 大类型、3 个级别共 547 层目录,共录入文字、图片、音频、视频等 4 种数据载体,其中蒙、汉文字资料 1.2 亿字,图片资料 3 000 多幅,音频文件资料 1 060 件,视频文件资料 480 部。"内蒙古民族民间文化遗产数据库"的建成对于我区保护、开发少数民族文化遗产具有重要价值。目前,民族民间遗产数据库工程的二期工程已列入院"十二五"发展规划纲要之中。我院提出的设立民族文化遗产保护日的建议被自治区政府采纳,每年 9 月 8 日为我区民族文化遗产保护日,我区是在国内首家提出文化遗产保护日的省区。

4. 组织实施"蒙古语语料库"建设工程。内蒙古自治区具有世界上蒙古族人口最集中、蒙古语使用人口最多、蒙古语语料资源最丰富的地区的特点,鉴于我区保护、保存、研究、利用蒙古语语料资源之现状,我院向自治区政府申请实施"蒙古语语料库"建设工程,并于 2005 年正式获得内蒙古自治区政府批准立项。"蒙古语语料库"是中国第一个少数民族大规模语料库。目前,拥有 56 个旗(县)、5 036 人、3 304 小时原始语料,具备检索、视听、编辑、添加、复制等功能的原始语料库系统初步形成。

此外,我院在自治区民族文化强区建设中发挥了积极的作用,提出的在全区进行文化资源普查的建议被自治区党委宣传部采纳并已于 2010 年开始付诸实施。我们还参与了"内蒙古文化艺术长廊建设计划"的论证策划,目前已启动其第一个精品项目"内蒙古重大历史文化题材美术创作工程"。

四、大力创新优化用人机制,积极建构智库人才成长平台

人才建设是智库建设的关键。我院坚持"以人为本"和"尊重劳动、尊重知识、尊重人才、尊重创造"的方针,紧紧抓住人才的培养、吸引、使用三个环节,以人才机制和人才环境建设为重点,加大培养人才的工作力度,大

力推进机构和内部运行机制改革。自 2000 年起,我院率先在自治区事业单位系统中实行全员聘用制,并于 2003 年、2006 年、2008 年进行了 3 轮全院全员聘任工作,2008 年又撤并行政职能部门,增设研究机构,增加科研一线岗位。我院按照学科布局和发展规划,鼓励竞争,促进职工流动,优化资源配置,并于 2008 年率先在专业人员和管理人员中积极推行岗位人员分级管理制,从而促进了人才培养、使用、成长环境的明显改善。2007—2010 年,我院通过公开招聘、调入等方式,先后引进博士、硕士等各类人才 60 多名,极大地充实了科研队伍,人才队伍梯次结构日趋合理。我院各类专业技术人员 141 人,专业技术人员中有中级职称的 35 人、副高级职称的 36 人、正高级职称的 48 人。享受国务院特设津贴专家 8 人,内蒙古自治区有突出贡献的中青年专家 5 人,"新世纪 321 人才工程"一、二层次人员 9 人,1 名专家列入中共中央组织部联系专家行列。2005 年以来,我院先后投入近 1 000 万元资金用于改善硬件条件,较好地改善了全院科研人员和干部职工的工作、学习条件,大家敬业奉献、开拓创新,形成了全院和谐向上、积极进取的浓厚氛围和良好的发展态势。

聚焦智库建设与学科发展，努力推动地方社科院转型

上海社会科学院

2007年初，上海社科院正式提出"国内一流、国际知名的社会主义新智库"建设目标，并以党委一号文件《中共上海社会科学院委员会关于构建国内一流、国际知名的社会主义新智库的若干意见》的形式下发。在智库建设过程中，我院注重应用研究和基础研究的相互关系，视它们为"车之两轮，鸟之两翼"，强调"根深才能叶茂，水涨才能船高"。2010年务虚会在智库建设原有基础上进一步实施智库建设和学科发展的双轮驱动，努力发挥智库功能，夯实学科基础，积极推动我院的转型。

一、智库建设和学科发展近阶段的"三步走"计划

构建"国内一流、国际知名的社会主义新智库"是上海社科院转型发展的长期战略目标，但真正要实现这一目标，需要制定阶段性工作计划。考虑到实际情况和现有基础，我院从2009年底起，制定了"三步走"的工作计划：第一步在确立建设社会主义新智库这一目标的同时，实施智库建设和学科发展双轮驱动，以智库建设引导学科发展，以学科发展支撑智库建设；第二步抓好"三个着力"，即着力抓好管理、教学和国际化工作，不断提高管理效能，发挥自身优势；第三步则通过推进研究所体制机制创新、人才队伍

建设和提升核心科研竞争能力这三个重点工作,苦练内功,夯实基础,提升能力。总之,我们力图通过 2 + 3 + 3 的三年工作计划,在聚焦智库建设和学科发展的基础上,不断完善智库形态,提升智库功能,开发智库产品,搭建智库平台,培养智库人才,扩大智库影响,强化智库支撑,为最终建成"国内一流、国际知名的社会主义新智库"奠定基础。

二、积极实施智库建设和学科发展的双轮驱动

2009 年底以来,上海社科院积极实施智库建设和学科发展双轮驱动。智库建设主要抓了两方面工作,即形态建设和功能完善。形态建设在前几年大量工作的基础上突出抓整合,抓聚焦,抓品牌。抓整合就是既抓好决策咨询的存量项目,同时根据需求精心培育若干新的增量项目,进行有效整合;抓聚焦,就是集中力量抓好若干个重点项目;抓品牌就是努力使一些重要的项目品牌化,使之成为上海社科院的标志性产品。通过整合、聚焦和品牌战略,我院形成了形态建设中的十大主导产品和六大服务模块。十大主导产品主要包括形势分析会(与民进中央合办的社会经济形势分析会等)、蓝皮书系列(包括经济、社会、文化、资源、法治、媒体六种)、专报系列(含社会经济问题专报、决策咨询专家建言、国际问题专报、舆情专报四种)、读书书目推荐、学者版政策研究系列、中国学论坛、创新研究基地、四学研究系列(马克思主义中国化研究、党建理论研究、社会主义核心价值观研究、廉政建设研究)、报告书系列、高级读书班等。六大服务模块包括高端服务模块(内含与民进、民革、民盟三个民主党派中央合作);块块服务模块,即为上海 17 个区县提供区域发展的决策咨询服务;条线服务模块,即针对市政府各有关部门决策需求提供的咨询服务;企业服务模块,即为各类企业提供决策咨询服务;区域服务模块,即以现有国情调研基地为基础,加强与兄弟地方社科院合作,为区域经济社会发展服务;国际合作模块,即

通过国际交流开展对外合作咨询服务。

智库功能方面,主要推进六个方面的工作:第一是增强统筹协调的能力,对智库建设进行强有力的统筹,改变以往较为散乱的状况;第二个是通道建设,畅通与政府部门的信息沟通,及时了解政府需求,及时提供咨询服务,及时获取领导反馈信息;第三是影响力工程,通过包装和宣传,努力扩大智库成果的社会影响;第四是社科院智库建设的特色和定位研究,对社科院智库建设的特点和规律进行深入研究;第五是人才队伍建设,要培养一批既有学理基础,又有提供咨询服务能力的智库人才队伍;第六是配套政策服务,要围绕智库建设,在晋升、奖励、考核等方面制定相应配套政策和规定。

学科发展方面,则主要抓了八项重点工作:一是调整学科布局,推动新一轮重点学科和特色学科建设;二是课题立项工作,也叫进口建设,争取中标更多国家和市一级课题;三是成果评奖工作,即出口建设,力求获得更多重要奖项;四是国际学术创新工作站建设,吸引国内外人才进站工作;五是团队建设,要在科研团队建设上下工夫,形成研究合力;六是梯队建设,大力培养青年学者,解决好人才断层问题;七是学科建设的规范化,推动各个学科建设按照学术规范加以完善;八是亮点工程,每年推出若干重点论文和著作,形成整个学科建设的年度亮点。

2009 年底以来,在双轮驱动战略的推动下,上海社科院在智库建设方面和学科发展方面取得了新进展。智库建设方面:承担了中共中央外办牵头组织的《中国和平发展白皮书》的研究和起草工作;精心组织并完成了上海市"十二五"规划发展思路(学者版)研究,形成了 A、B 两个版本总报告和25 个专题报告,获得了市有关部门的高度肯定,有些意见和建议被吸纳进上海市"十二五"规划;完成市委主要领导交办的上海文化大发展大繁荣课题和市决咨委交办的"十二五"规划平行研究重点课题;两位资深专家分别应邀为政治局集体学习讲解世博精神和文化发展,两位专家给市委常委会作辅导报告,多位学者应邀参加市委主要领导主持的"十二五"规划专题专家会议,充分体现了我院的智库作用和影响;率先向市委提出开展"后世博"研究,并参与完成前期策划,组织力量从事有关"世博后软资源"子课题研究;组织力量整理《上海市中长期教育改革和发展规划纲要》(B版)成果,并出版发行《跨越教育的教育思考——上海市中长期教育改革和发展研究》一书;组织经济、社会、文化、资源、法治和传媒蓝皮书在上海两会召开之际出版并赠与两会代表委员,大大增强了蓝皮书的社会影响;整合四份专报,以"上海新智库"的崭新面貌编辑出版,精心策划选题,增强针对性、有效性、及时性,领导批示率逐年提高,专报工作也有新突破。仅以2011年为例,我院共推出《社会经济问题专报》90期、《决策咨询专家建言》11期,其中获得中央和国家有关领导人批示4份,市委市政府领导批示11份,被民进中央采纳专报15份;舆情分析报告完成近90篇,有17篇得到中央有关领导的批示;在2011年上海市决策咨询优秀成果奖中获奖数列全市第一;向市委常委会中心组推荐学习书目,并精心撰写导读;出版各类报告书系列,形成了一定的规模和品牌效应;加强两个市级创新研究基地建设;以邓小平理论和"三个代表"重要思想研究中心和当代中国政治研究中心等为平台,进一步推动和加强马克思主义中国化研究、党建理论研究、社会主义核心价值研究、廉政建设研究,逐渐增强了我院在这些研究领域的话语权;与民进中央和民革中央举办经济社会形势分析会,受到国家领导人高度重视,许多意见被转送到中央和国务院;进一步加强开门办院力度,与民进、民革、民盟三个民主党派中央合作得到有力拓展与深化,与市政协、市侨办、浦东新区、上汽集团、上海市社联、江苏社科院、浙江社科院等政府、企业和研究机构的合作更加深入,形式更趋多样,内容更为丰富;进一步提高院级各类论坛的组织水平和社会影响,建立并实施重大科研成果发布制度,加强科研成果的推广和宣传工作;2010 年第四届世界中国学论坛正式升格为国家级外宣平台,由国务院新闻办和上海市人民政府主办,我院与市新闻办承办,并首次向 4 位海外中国学学者颁发了中国学研究贡献奖。论坛已越来越引起海内外高度关注,影响力日益扩大。

学科发展方面:强化了科研组织的管理,实行目标责任制度;形成以目标量化考核为导向的考核体系,分解各类科研考核指标,形成指标完成情况考核机制,推出半年度和年度科研成果完成情况分析报告,并在书记所长例会上予以通报;落实《上海社会科学院科研人员科研考核管理办法》和《上海社会科学院所级竞争力考核办法》,在全院范围内公布考核情况;确定了新一轮 12 个重点学科、17 个特色学科以及院属中心资助范围,更加突出了基础学科与应用研究并重的新特点。通过精心组织和实施,我院在获得国家重大课题上实现新的突破,各类课题立项继续位居全市社科研究机构前列。2009、2010、2011 年这三年,我们共获得各类国家项目 89 项,其中国家社科基金重大项目 6 项,重点项目 10 项,一般项目 14 项,青年项目 28 项;三年共获得上海市课题 93 项,其中哲学社会科学课题 68 项,决策咨询课题 14 项。特别是国家重大项目不仅在 2009 年取得零的突破,而且三年一举拿下 6 项,在上海社科研究机构中名列前茅。我们还完善三级课题的全过程管理,建立课题结项提醒制度,根据进度计划对课题负责人进行提醒,并加强中期检查和成果审核工作,努力提高课题的结项率和成果质量。在"上海市第八届邓小平理论研究和宣传优秀成果"、"上海市第十届哲学社会科学优秀成果"评奖活动中,我院获奖总数与获奖等级均较上届有所提高,共获得各类奖项 51 项,其中,学术贡献奖 1 项、一等奖 4 项、其他奖项 37 项,内部探讨奖 9 项,网络宣传奖 4 项。

三、以"三个着力"为重点提高管理效能,发挥自身优势

2011年,上海社科院在继续聚焦智库建设和学科发展的同时,重点抓了"三个着力",即着力抓管理、教学和国际化,以求提高管理效能,发挥自身优势。社科院往往存在管理松懈的问题,教学工作较大学也不够规范,对外交往能力不强。因此,只有狠抓管理、教学和国际化,才能有效促进智库建设和学科发展。

抓管理,主要是针对管理上的一些突出问题来加以改进,通过管理出效益,通过管理来进一步解放和发展学术生产力。我们采取了以下措施:根据中央和上海市有关文件精神,我院对全部20个独立编制单位进行清理,对原有单位做了适当的撤并与重组,建立了中国马克思主义研究所、城市与人口发展研究所、政治与公共管理研究所、世界中国学研究所和国际关系研究所;学习中国社科院管理强院的做法和经验,召开管理工作会议,明确中期管理目标,突出年度管理工作重点,制定相应管理制度,颁布《关于加强上海社会科学院制度建设的指导意见》;加强基本制度建设和专项制度建设,汇编院属各单位制度文件;制订并下发《上海社会科学院内部控制管理条例(试行)》,对重点环节建立内部控制方法和措施并加以明确,确保院内的各项制度得到真正落实;强化院所两级管理,重视并改善党委中心组学习,加强院部和各研究所的沟通;建立健全研究所会议制度,设立所务工作会议、党总支工作会议、党政联席会议、中层干部会议、全所工作会议制度,重要会议形成书面会议纪要;落实所长负责制度,以党总支工作会议和党政联席会议为抓手,充分发挥党的领导作用;建立管理工作数据基础。针对考核时间节点和内容变化,对科研管理信息系统和项目管理系统进行优化升级;加强工作简报、月报和年报工作,积累信息交流材料,编制全院性基础资料《2011院年度报告》,科研《成果季报》以及《科研年报(2010—2011)》,完成《我院近10年申报国家社科基金项目立项情况分析》。

抓教学，就是进一步规范研究生教学，并通过教学提高社科院科研人员的口头表达能力、讲演的能力和成果推广能力。我院召开了院教学工作会议，统一思想，形成共识，提高教学工作在全院的地位和作用；制定了《上海社会科学院提高研究生教育质量三年行动计划》，形成教学工作的中期规划，明确教学工作的年度重点，提出教学工作的具体措施；制定了《上海社会科学院研究生教学管理规定》、《上海社会科学院教师岗位职责及工作规范》、《上海社会科学院研究生教务秘书岗位职责及工作规范》等文件，从制度上保障研究生教学工作的规范性和有效性；学位申报工作也取得新的突破，哲学、法学、政治学、中国语言文学、社会学、世界史、中国史和统计学8个硕士学位点被国务院学位委员会批准为授权一级学科，硕士学位授权一级学科增至10个。

抓国际化，就是提高我院科研人员的国际学术交往能力，提升我院在国际上的地位。我院召开了国际化建设工作会议，从战略高度认识国际化工作对全院发展的重要作用；制订了国际化工作的发展战略，出台《上海社会科学院关于进一步推进国际化工作的意见》，形成对外学术交流的中期行动计划；形成了《国际化程度调查数据汇总》、《国际化程度调查课题组简报》、《国际化程度分析和推进方案》；推出了《研究所国际化程度评估表》、《建设国际化智库的现状分析和措施建议》等研究报告；加大了学术"走出去"力度，2011年因公出访人数创近年来新高，出访总计达到167人次，出访国家32个；做好了来我院的海外学者、记者及代表团的接待工作，以及学术外宣工作。

四、做好"三个重点"工作，苦练内功，夯实基础，提升能力

2012年是非常重要的一年，是"十二五"开局后的推进之年，也是党的十八大召开之年。我院在继续聚焦智库建设和学科发展以及做好教学、管理和国际化工作的同时，准备认真做好研究所体制机制创新，人才队伍建

设和提升核心科研竞争能力这三个重点工作,苦练内功,夯实基础,提升能力。

就研究所体制机制创新而言,虽然经过强化院所管理,各研究所基本上完成了建章立制工作,各研究所所长也加强了对研究所的日常管理,我院取得的成绩比较显著,但也要看到,研究所是社科院推进智库建设和学科发展的主体,如何进一步深化研究所体制机制创新,激发科研生产活力,仍然是我们亟待探索和破解的难题。因此,一方面要进一步完善所级竞争力考核,增强一些核心指标的权重,同时适当扩大奖优罚后的幅度,从而促使研究所更加注重科研竞争力的提高。另一方面,在新设立的研究所以及愿意进行改革的老所探索体制机制改革创新,实施综合配套改革,对科研人员重新聘用,设立所长三年聘期目标考核,并制订相应的年度考核和职称晋升标准,激活研究所的科研竞争能力。

就加强人才队伍建设而言,全院人才队伍的现状是50后的一批即将淡出,60后的正成为挑起重担的主要力量,70后的亟待崛起,青黄不接已成为人才队伍建设的瓶颈问题。智库在西方又称为"脑库",按照兰德公司的创始人弗兰克·科尔博莫的定义,智库就是一个"思想工厂",一个没有学生的大学,一个有着明确目标和坚定追求,却同时无拘无束、异想天开的"头脑风暴"中心,一个敢于超越一切现有智慧、敢于挑战和蔑视现有权威的"战略思想中心"。归根结底,智库是生产思想和政策的智力工厂。因此,社科院作为党和政府的思想库和智囊团,要构建国内一流、国际知名的智库,最为关键的资源就是人才。社科院智库建设和学科发展要取得新发展,新突破,新飞跃,就必须切实加大对人力资本的投入,加强人才队伍的建设。在这方面,我们一定要处理好老专家与学术新秀的关系,处理好科研人员与行政管理人员的关系,处理好院内专家与院外专家的关系,制定切实有效的措施,充分发挥各种人才的积极性和创造力,积极做好各类人才的使用和培养工作。对新进人员，要切实提高进入门槛，宁缺勿滥，就此而言，建立实习考察制度是个可以借鉴的好做法。此外，在进人指标有限的情况下，无论如何要有一定比例用于引进成熟人才；对于存量科研人员，应该加大激励的力度，可以考虑设立特聘研究员或特聘副研究员岗位向全院开放，每个人都可以来申请，但达不到规定目标就转岗，实行流动性竞争管理，有进有出。此外，还要通过给予荣誉、平台的方式激励青年科研人员。目前情况下，可以考虑给予青年科研人员不带级别的学术头衔，以便他们能够迅速得到社会的认可。要实行导师制，资深学者要和年轻人合作，发挥传帮带的作用。

就提升科研核心竞争力而言，重要核心期刊的论文、每年国家和上海市的课题立项数、每两年一次的决策咨询奖励和哲学社会科学成果奖、有影响的知名学者、有影响的学术平台和有影响的学术杂志等，都是科研的核心竞争要素。要采取措施，特别是发挥我院学科的综合优势，积极争取国家和市的课题。对于需要团队合作的大项目，在科研考核和职称晋升方面要做好政策配套工作。要高度重视评奖工作，积极做好哲学社会科学成果奖的组织申报工作。此外，还要努力培养学术大家和新秀，建设具有影响力的学术刊物和学术平台。特别需要指出的是，学术刊物是非常重要的资源，要充分发挥好学术刊物引导研究、创建学派的功能。

落实科学发展
建设高水平的现代智库

江苏省社会科学院

国家最近把哲学社会科学创新工程纳入了"十二五"规划纲要,社会科学在未来我国经济社会发展中的作用将变得更加重要,另一方面也对社会科学提出了更高的要求,哲学社会科学面临着进行学术创新的任务,地方社科院也需要顺应形势,充分发挥智库作用,以适应我国经济社会发展的需要。

过去几年,江苏省社科院在加强咨询功能的第一次转型中,进行了一些探索。当前,我院要抓住实施哲学社会科学创新工程的机遇,实行第二次转型,即发展方式的转变。

一、智库建设的初步探索

1997年,省委主要领导明确要求我院办成省委、省政府的思想库与智囊团。我院按照省委的要求,进行新的功能定位,突出应用对策研究,建立了以下一些制度化咨询服务渠道:

1. 开展重大决策咨询课题研究。自2000年以来,我院年度重点课题是由省委书记、省长亲自确定的。2000—2010年,共完成重点课题114项。2011年年初,省委书记罗志军、省长李学勇为我院确定了19项重点课题。我院把精心组织这些重大课题研究,作为科研工作的中心任务。这种咨询服务方式和研究成果得到了省领导的充分肯定。我院还为省有关部委办厅局和市县提供决策咨询服务,取得了一系列有应用价值的成果。

2. 从1998年起召开"江苏经济形势分析会",对全省的经济形势作出分析预测,提出对策建议。李源潮同志评价说:"江苏社会科学界为省委、省政府提供决策咨询服务已形成的三大平台,第一是江苏省社会科学院组织召开的经济形势分析会"。梁保华同志说:"由省社科院举办、每年两次的江苏经济形势分析会,已经成为省委、省政府广泛听取专家学者关于经济工作意见和建议的重要渠道,对推进科学决策、民主决策发挥了很好的作用"。2010年,我院与南京大学、省社科联联合举办江苏发展高层论坛第27次会议,主题为"2011年经济形势展望和江苏的对策"。为扩大决策咨询影响力,加强与省级党政部门及相关研究单位的交流,我院从2010年起举办"现代智库论坛",组织省内外专家为省委、省政府领导提供咨询建议。

3. 出版《江苏经济社会形势分析与预测》(蓝皮书)。从1997年起,我院组织研究人员进行江苏经济社会形势分析与预测研究,每年撰写一本蓝皮书,在省"两会"期间发行,成为我省干部了解江苏经济社会发展动态的参考读物。

4. 编发《咨询要报》和《决策咨询专报》。从1997年开始,我院编发《咨询要报》,及时就有关江苏改革与发展的重大问题提出分析意见和对策建议,其中多项报告得到省委、省政府领导同志的批示和好评。2010年,我院又创办了《决策咨询专报》,直送省领导。

5. 专题咨询研究。主要包括省五年规划研究、省领导召开的专家座谈会、省领导临时交办的专题研究。

二、按照科学发展观建设高水平的现代智库

"十二五"时期,我院将认真贯彻党中央落实科学发展观、转变发展方式、再创新辉煌。为了完成历史赋予我们的光荣任务,根据中央繁荣发展哲学社会科学的精神,以及省委、省政府主要领导要求社科院履行的职能,结合我院的实际情况,我院把"创造社科新知,阐释创新理论,建设现代智库,引领社会未来"作为我院的使命。具体履行三大职能:一是党的创新理论的研究和阐释,尤其是马克思主义中国化在江苏的实践最新成果的研究和阐释;二是哲学社会科学中以中国实践为背景的重大理论和实践问题的研究;三是省委、省政府的思想库和智囊团的作用。

其次,在此基础上凝练我院各学科各专业的发展方向,发展竞争优势;

第三,在定位明确、发展方向明确的基础上,加大人才队伍建设尤其是决定未来我院竞争力的一流的中青年队伍的建设;

第四,破除一切不利于发展的体制和机制,真正把对我院的贡献与利益分配、名誉分配机制紧密地联系起来,创造"谋发展、思成才、比贡献"的人才辈出、献身发展的浓烈氛围;

第五,发扬和光大社科院好的文化,倡导"宽容、和谐、创新"的社科院文化,不断适应新的形势,永远保持着发展和进步的良好势头。

根据上述认识,院党委每年启动重大标志性、工程性项目的建设,促进科研向更高水平发展,促进管理服务上新的台阶。我院将实施人才工程建设、五大咨询平台建设等重点工程项目。

1. 人才工程建设。建设高水平的现代智库,关键是要有一支出色的科研人才队伍。我院按照一切围绕提高研究质量、提升研究档次、出精品力作的要求,为建设高水平的现代新型智库提供人力资源保证。具体做法是实施"四个一批"工程,即招聘一批博士生,培养一批博士后、送出一批访问学者、引进一批学术带头人。从国内外引进高端人才与学科带头人,进一

步充实和优化科研人才队伍结构,力争在较短的时间内,形成一批在省内外有影响的"学术带头人 + 学术骨干 + 基础业务人员"的科研团队。选送副研以上的科研人员到以北美国家为主的大学及研究机构作访问学者,青年科研人员到国内知名高校进修。修订了在职学习、进修管理办法,营造更为宽松的氛围,支持青年科研人员在国内高校与研究机构攻读博士、做博士后以及通过其他途径学习进修。组织科研骨干研修,组织一批骨干赴美进行为期两周的智库发展研修。

青年科研人员是推动我院繁荣与可持续发展的重要生力军。我院将大力培养青年学者群体,鼓励多出优秀成果,形成一个在省内外有影响的优秀青年学者群体。支持青年研究人员进行国家和省级社科基金项目研究,在今年申报的基础上进行遴选作为院级一般科研项目立项。继续遴选并资助部分青年科研人员出版《青年学者文库》。加强对青年科研人员研究方法论的培训,邀请有丰富经验的、近些年学术处于活跃状态的一线教授来院开设有关研究方法的系列讲座。要求青年科研人员撰写本学科的文献综述,进入考核的基础分,在院网上进行公布。加强青年学者之间的交流,举办各种学术沙龙、青年论坛。

2. 五大咨询平台建设。围绕省委、省政府的中心工作,加大应用研究力度,推动应用研究向战略高度提升,提高我院为我省重大决策服务的能力和水平,有效发挥智库作用。精心组织与高质量地完成省委、省政府主要领导确定的重点课题研究。2011 年罗志军书记、李学勇省长为我院确定了 19 项重点课题,这些课题都是具有全局性、战略性和前瞻性的重大理论和实践问题,反映了省委、省政府中心工作的咨询需要。我院加强组织领导,对重点课题实行重点资助,加大调研力度,确保课题任务顺利完成。将继续举办"江苏发展高层论坛"和"现代智库论坛",组织省内外专家为省委、省政府领导提供咨询建议。编撰《江苏经济社会形势分析与预测》的蓝皮书,强化省情研究。群策群力办好《咨询要报》和《决策咨询专报》,及时就有关江苏改革与发展的重大问题提出分析意见和对策建议。

3. 加强省情调查研究。调查研究是社科研究理论创新与建言献策的基础。地方社科院要做好应用对策研究,就必须深入基层,进行实地调查,寻找普遍性或苗头性的问题,总结群众创造的新鲜经验,从实践中汲取营养、总结经验、升华理论,发表新观点、提出新对策。2011 年起我院将大兴调查研究之风,要求所有的社会科学学科精心组织调研,各个所确定省情调研的目标、内容和成果形式,要有一定的时间用于实地调查研究,撰写一篇以上的调研报告。

4. 启动重大标志性成果建设的研究项目。重大标志性成果是社科院未来立足于江苏、放眼全球学界的基础,也是社科院学术声誉建设中应该投入最多的事业所在。我院确定的重大标志性成果的衡量标准主要有三:一是得到国家和省部级政府的二等奖以上的学术奖励;二是得到国内外著名的学术机构、基金会等的奖励;三是得到省主要领导以上的肯定性批示的应用性研究成果。对取得这些标志性杰出成果的我院研究人员,都将给予重奖。鼓励申报国家级、省级社科基金项目及其他奖项。为了鼓励多出标志性成果,我院将着手以下五方面工作。

一是要具体凝练各个研究所的学科发展方向和配置研究人员,争取通过几年的不懈努力,在某几个点上而不是全面地形成社科院相对高校的学科特色和竞争优势。为此要求每个研究所根据自己确定的专攻方向,每年安排 1—2 项标志性工程的学术研究项目,所需经费预算由院里年初统一安排。

二是在形成特色的基础上,推进跨所、跨部门合作,整合科研资源,集中研究力量。经济、文史哲、法政社等研究片都要有联合项目。2011 年,文史哲片联合项目为江苏文化史研究,经济片联合项目为长三角研究,法政社片联合项目为社会管理创新研究。

三是要强化研究所的功能建设。结合岗位设置与绩效工资的实施,明确所长在人、财、物方面的权利和待遇,同时,明确所长的管理责任。所长必须对全所的科研活动、人才培养、学术氛围建设以及党建活动等负有领导责任,形成责、权、利相统一的机制。加强对所的全面考核,考核结果作为所长是否续聘的重要依据。

四是要建立决策咨询团队,建立快速反应机制。按照精干、高效、快速的原则组建经济、社会、文化、法政、历史等咨询服务团队。每一个团队由学术带头人、科研骨干、助手组成。团队对当前热点问题进行跟踪研究,形成研究积累,定期撰写研究报告。咨询团队的工作纳入业绩计分中。

五是要扩大与有关厅局、地方政府及高校的合作,探索灵活多样的合作模式,释放我院咨询服务的潜能,改善我院发展的外部环境。

5. 完善考核体系和分配制度。积极推进科研管理体制机制改革,逐渐形成符合社会科学研究规律、具有社科院特色、有利于出经得起检验的精品成果的科研管理体制机制。我院自 1998 年实行的"核心论文、分数"双重标准的考核体系,对于推动全院科研人员明确科研目标与任务、履行岗位职责、理顺分配关系等方面起到了重要的作用。根据形势和职能的变化,我院对原有的考核办法进行了改革,根据科学发展和转变发展方式的要求,配合省里推进的事业单位改革和岗位设置工作,建立一元化的考核机制,调动科研人员的积极性与创造性,鼓励多出高质量的研究成果,抑制低质量的研究和重复工作,同时体现多劳多得。

6. 推进管理体制机制创新。为保证人才工程建设等的实施,我院将按照科学发展观的要求,以改革创新的精神,建立符合哲学社会科学发展规律的、不断创新发展的管理体制机制,构建哲学社会科学创新体系。坚持用制度管人、用制度管事,让制度成为我院规范运转的重要保障。建立财务委员会,推行公开理财和民主理财制,每年院里的财务预算首先要经过院财务委员会的讨论,再经过党委批准执行。充分发挥学术委员会在学风建设、学术评价、成果推荐和人才评估等方面的主导作用。

7. 活跃学术气氛,促进学术交流。一是扩大国际性学术交流,继续加强与韩国东亚大学、全北发展研究院的交流,积极开拓与欧洲、北美学术界的交流。二是联合其他部门或高校主办全国性的学术会议。三是提升省内学术交流。鼓励与支持各研究所加强与有关厅局的合作,就重大理论实践问题,精心组织一些有影响的科研活动,扩大各所的知名度。要求每个研究片或研究所至少召开一个小型、高级别的学术研讨会,建立外来著名专家的通报制度,请他们做学术报告。

8. 进一步推进事业单位改革和岗位设置。我院将按照省里统一部署,以事业单位改革为契机,稳妥有序地开展岗位设置工作,因事设岗、按岗选人,做好实施绩效工资的推进工作。探索管理岗位考核机制、完善科研评价机制,营造人人热爱科研、人人服务科研、人人参与科研的环境。建立客观、公正、合理的激励机制,真正实现一流人才、一流业绩、一流报酬。

加强自身建设　推进管理创新:为福建科学发展跨越发展提供咨政服务

福建省社会科学院

近年来,福建社科院认真贯彻落实胡锦涛总书记等中央领导来闽考察时的重要讲话精神,坚持以科学发展为主题,努力为地方党委政府提供决策咨询服务,力求达到"立得住、用得上、离不开"的要求。

一、加强科研工作,提升咨政能力

一是研究经济社会发展问题,服务我省跨越发展。围绕福建科学发展、跨越发展和海峡西岸经济区建设这个中心,2010 年以来,我院完成了"福建赶超东部地区发展水平战略研究"、"福建转变经济发展方式研究"、"福建发展创业型经济的策略框架与措施"、"福建战略性新兴产业的选择与培育研究"等课题。为了更好地推进平潭综合实验区开放开发,与中国社科院工业经济研究所合作开展了"平潭综合实验区开放开发"课题研究,参与撰写的《平潭综合实验区总体规划》上报国务院。呈报的《关于加快推进平潭综合实验区建设的建议》等报告获得了福建省委、省政府主要领导批示。

大力加强社会问题研究,2010 年以来完成了"网络问题研究"、"福建省社会志愿服务问题研究"、"现代化与中国商人阶层"、"青少年职业生涯教育问题研究"等课题。同时完成了中央文明办交办的课题"在实践中不断完善志愿服务工作机制",得到省领导批示肯定;还完成了省委宣传部交办的课题"就五起校园惨案浅谈城乡社会保障制度的完善与建设"、省文明办委托的调研报告《福建省南安市蓉中村精神文明创建工作的实践与经验》。参与团中央规划课题"青少年职业生涯规划系统性教育研究",该课题获团中央宣传部颁发的规划课题优秀奖。

二是研究文化和文化产业问题,服务我省文化建设。我院专家学者致力于提升我省文化软实力研究,承担了国家社科基金特别委托项目"互动与创新:多维视野下的闽台文化研究"中的3项子课题。2010年以来,我院与中国社科院文化研究中心合作开展课题研究,完成"两岸文化产业合作中心建设"课题的研究任务。同时,还完成了"文化研究与当代中国的文化建设"、"文化转型与文艺理论学科重构"、"福建省文化创意产业集群发展研究"、"福建省创意产业发展研究"等课题。呈报的《推进闽台文化创意产业大协作的思考》获得省委领导批示。针对海峡两岸形势发展和福建科学发展、跨越发展需要,大力加强海峡文化研究。完成了"海峡文化与两岸关系和平发展"等课题,出版了《海峡文化研究丛书》。

三是研究侨台问题,服务两岸关系发展。我院持续关注两岸关系发展态势并进行跟踪研究。承担的"闽台合作研讨会第一次会议"得到省领导好评。2010年以来完成了《海峡论坛有利于两岸人民大交流大合作》等3篇评论,还完成了"台湾经济60年"等课题。《台湾工业化过程中的现代农业发展》、《两岸精神共同体的价值共识与整合建构》获"全国台湾研究优秀成果三等奖"。积极开展华人华侨问题研究,完成了国务院侨办课题"新时期侨务对台工作研究",以及"福建侨乡经济发展研究"等课题。相关专报被中央有关部门采纳。

四是研究基础理论问题,服务哲学社会科学发展。我院在突出应用研究的同时,仍然十分重视基础理论的研究。完成了"新媒体传播与社会主义核心价值体系建设"、"闽学学案"、"闽台关系史研究"、"推动两岸经贸关系规范化、制度化法律问题研究"、"企业自主经营权与劳动者利益保护的平衡"等课题,进一步推动哲学社会科学发展。

二、围绕科研中心,做好服务工作

地方社科院的中心工作是科研,科研工作能否出成绩、出精品决定其自身地位的高低,而科研工作的深入开展则有赖于行政后勤的优质服务保障。地方社科院的行政后勤保障部门,应围绕中心工作,通过明确定位、科学管理、加强服务,提供有效的行政后勤保障,提高服务科研的水平。近年来,我院行政后勤保障工作,在服务科研上取得长足进步。

一是行政后勤服务保障有力。我院注重加强行政管理部门领导班子队伍建设,努力建立一支政治强、业务精、作风好的干部队伍。我院现有12名行政处级干部,其学历基本上都在大学本科以上,多数处级行政干部科研、行政"双肩挑",行政干部队伍素质良好;调研信息报送是行政服务科研的体现形式之一,也是服务省领导决策的重要手段。我院采取多种方法将研究课题进行加工,从信息渠道报送省领导,近年来取得突出成绩。近两年来,有5篇调研信息获得福建省委和省政府主要领导批示;院办公室被省委办公厅、省政府办公厅和省委宣传部表彰为信息报送先进单位。合理调配资金,加强支出管理、合理安排预算执行进度,及时配备、更换科研人员办公设施设备,为科研工作提供保障;在经费争取方面,尽可能多地争取国家和省级课题经费、横向课题经费,多渠道地争取各种专项经费,以适应我院发展需要。

二是协调推进,提高干部职工科学管理能力。由于历史等原因,行政后勤职工队伍高水平、高层次、高技术人才少。因此,要把培养提高行政后勤干部队伍素质,作为提高行政后勤服务保障能力和水平的重要措施,做到计划上有安排、组织上有人抓、经费上有投入、绩效上有考核。通过拓宽人才培养渠道、交叉任职锻炼等方式，逐步改变行政后勤干部队伍结构，推动地方社科院行政后勤事业发展。同时，还要有针对性地遴选一批青年业务骨干作为培养对象，根据岗位需要进行重点培养，避免出现人才"断层"现象。

三是科研辅助工作再上台阶。福建省台湾文献信息中心人文社科馆，于 2010 年 1 月在我院挂牌并向社会开放。该中心积极为省委、省政府和有关部门以及本院科研人员提供资料检索、查询、阅览服务。目前藏书共有 10 余万种，其中国内图书 6 万种，港台图书 4 万种。订有国内和港台报刊 700 余种。自建"台湾问题学术文献数据库"，研究收录国内外学术机构及专家学者台湾问题的学术成果，目前已录入论文 9 万多篇、图书 3 000 多种。该馆已成为我国台湾人文社科方面规模较大、资料较全的文献信息中心。

三、改进管理工作，推进智库建设

要更好地为地方党委政府提供决策咨询、繁荣发展哲学社会科学，我们认为在已有基础上必须进一步改进管理工作，特别是科研管理工作，推进体制改革创新，使其符合社会科学研究规律、利于出精品成果。

一是完善课题管理制度。要强化各类课题的立项、结项和过程管理，对立项课题实施动态管理，对阶段性成果进行科学评估，根据成果水平来决定是否继续提供后期经费资助，加大交办、委托课题的资助力度。要健全科研成果的社会转化机制，让科研成果及时转化为党委政府的决策依据或参考。要把科研经费与科研成果挂钩，引入竞争机制，奖励各种类型的优秀成果，督促科研人员保质保量完成课题研究任务。

二是完善成果评价激励机制。衡量科研人员的绩效，既要重成果数量，更要重成果质量。但由于种种原因，目前一些科研人员抱着赶任务、交公差的心态，深入实际不够，使得社会现实和时代发展产生的新课题，在他们的研究中无法得到及时的回应,进而削弱了为地方党委政府服务的能力。因此,要严格执行成果考核评价标准,杜绝干与不干一个样、干好干坏一个样的现象。对科研人员的绩效考核要采取相应的方法,对研究成果从学术含量、出版发表层次、获奖等级、社会效果等方面进行综合评估,对那些针对性和可操作性强且已经产生社会效益的研究成果实施重奖。

四、立足队伍建设,提升咨政水平

人才队伍建设是关系地方社科院可持续发展的主要因素。因此,地方社科院要广开思路,加强横向联合,建立各类社科人才的"储备库",在队伍建设与人事制度改革、人才的引进、培养和使用相结合以及自身建设上进一步得到加强。

一是人才队伍建设要与人事制度改革相结合。坚持党管人才的原则,是我们做好人事工作的前提。深化事业单位人事制度改革,不论是实行全员聘用制,还是实行中层干部岗位竞聘制,目的都是为了管好、用好人才。为此,一要坚持德才兼备标准,把那些"政治强、业务精、作风正"的人才选进来;二要做深入细致的调查研究工作,多听群众的意见,多听不同意见;三要有一套科学、完整、合理的人才引进、培养和使用方案。

二是人才队伍建设要实行引进、培养和使用相结合。引进、培养、使用是人才队伍建设的三个步骤,三者关系是相辅相成的。但随着形势的发展和任务的变化,不同时期对三者应有所侧重。既要强调引进学科带头人和科研骨干,强调管好、用好人才,同时也要强调培养人才。因此,人才队伍建设既要积极引进,又要注重培养;既要重点培养急需的人才,又要重视培养后备人才。第一要把整个单位的需求进行通盘考虑,局部服从全局;第二要保证人才质量,宁缺勿滥;第三要实行公开招聘,严格程序,增强透明度;第四要不拘一格,重点使用和发挥人才的长处,避其短处。同时,要形成培养人才的激励和约束机制,使人才队伍建设走上程序化、规范化轨道。

三是着力提升党员干部领导能力。加强领导干部自身修养,把加强学习作为履行领导职责的根本要求,带头学习贯彻党的路线、方针、政策,运用马克思主义立场、观点和方法观察世界大势、把握时代要求,认真研究改革发展中的新情况、新问题。加强干部管理,进一步强化干部管理规章制度建设,加大干部培训和使用的力度,真正把那些想干事、会干事并且能干成事的干部用到合适的岗位上来。

五、立足区域合作,建立地方社科院合作机制

在经济全球化、对外文化交流日益频繁、研究方法不断创新的今天,应该要有全局意识、开放意识和合作意识,不能固步自封,偏守一隅。因此,为了更好地发挥思想库智囊团作用,地方社科院应该做到以下两方面:

一是进一步强化地方社科院合作发展意识。建立地方社科院合作机制,既符合中国哲学社会科学走向世界的目标要求,也顺应目前我国经济发展方式转变的时代背景,同时还是繁荣哲学社会科学加快发展的新增长点。因此,地方社科院要进一步强化合作发展意识,着眼于全国、全省区域经济社会发展的大背景,进一步认识、思考和谋划地方社科院区域合作。

二是进一步深化地方社科院区域合作。地方社科院除加强与党政机关、高校、科研机构以及企业合作开展课题研究外,还应该加强社科院间的区域合作,在尽可能大的科学研究语境下寻求发展。通过信息资料共享、学术交流、专家互聘、课题合作研究等形式,定期进行交流。如 2010 年 6 月,我院主办了以"泛珠区域合作·机遇与挑战"为主题的"第六届泛珠三角区域社科院科研协作"会议,共商泛珠三角区域合作发展大计,探讨如何进一步加强泛珠三角区域各社科院之间的联系,加强与兄弟省市社科院科研协作,这对于推动泛珠三角地区社科院学科建设有着重要作用。

转变科研发展方式
推进新型智库建设

湖北省社会科学院

党的十七大以来，湖北社科院认真贯彻落实中央和湖北省委关于繁荣发展哲学社会科学的一系列方针政策，大力开展以学科体系、学术观点和科研方法为核心的创新体系建设，努力转变科研发展方式，取得了初步成效。

一、转变科研发展方式的探索与实践

（一）强化服务决策功能

一是请省领导圈批课题。为了加强哲学社会科学研究的针对性，我院每年根据省委、省政府重大工作部署和省委、省政府领导关注的重大现实问题，策划课题，请省委书记、省长等主要领导圈批。"十一五"时期，共完成省领导圈批或交办课题 124 项。其中，省委书记和省长分别为我院圈批课题 14 个和 21 个，这些课题成果通过《要文摘报》直接送省领导和决策部门，进入决策层。

二是办好《要文摘报》。《要文摘报》是我院直接为省委、省政府决策服务的"快车道"，创办于 1992 年。经过几届班子和全院干部职工的共同努力，现已把《要文摘报》打造成我院的亮点和品牌，得到了省委、省政府和省委宣传部领导的高度重视和充分肯定。自创办以来，共编发 842 期，平均批转率达75%。"十一五"时期，共编发168期，其中省领导共批示124期。

三是开展"社科下乡"调研活动。社科下乡就是深入基层调查研究。调查研究是保证科学决策与实现正确领导的基本前提，同时，也是提供咨询服务的基础环节。1997年以来，我院每年集中开展一次"社科下乡"活动，以推动社科研究与基层改革和发展实际相结合。通过"社科下乡"，我们努力做到发现规律，即发现全省各地经济社会发展过程中带规律性的东西；发现点子，即发现基层干部群众在改革探索实践中提出化解重大理论和现实难题的好点子；发现典型，即帮助省委、省政府领导寻找工业、农业、商贸、城建等各行各业好的典型，总结推广他们可资借鉴的经验；发现问题，即针对调研中发现的问题及时向省委、省政府有关部门提出改进措施等等。

四是开展中长期战略研究。在省委、省政府的一些重大决策中，每一时期，我院都做出过一些贡献。20世纪80年代初，率先提出发展商品经济问题；80年代后期率先提出了湖北中部崛起的发展战略；90年代初期提出了老工业基地改造的问题；90年代后期，在"武汉城市圈"发展战略方面提出了诸多有影响的对策建议，对湖北特色经济和湖北精神问题提出了不少参考意见。进入新世纪，又提出"武汉城市圈两型社会综改试验区"、"省域经济中心一主两辅"、武汉新港、长江经济带开放开发等新的发展战略思想和对策建议，并开展了湖北跨越式发展、大别山革命老区经济社会发展试验区、武陵山区少数民族经济社会发展试验区等重大现实问题研究。不少建议都直接纳入到省委省政府的相关决策之中，得到省领导的充分肯定。

五是编著湖北发展系列决策参考书。2003年我院开始编著湖北经济社会发展蓝皮书，送"两会"代表和省直有关部门领导参阅。从2009年开始，整合科研资源，着力打造综合性决策咨询报告集，推出湖北经济社会发展年度报告,每年编辑出版一本综合性、学术性、资料性的决策参考书,以便更贴近省委、省政府决策,服务经济社会发展全局。为了服务"三农"工作,从 2009 年开始编辑出版《三农中国》,已出 3 辑,受到党政部门及业内专家的好评。

(二)创新学科建设抓手

为适应湖北经济社会发展需要,更好地服务省委、省政府决策,我院对原有学科设置进行了微调:一是新设了中部发展研究所、财贸经济研究所两个建制单位,以便更好地服务湖北"中部崛起战略支点"建设以及财政、金融、贸易等方面的改革与发展。二是培植学科生长点。在政法所中培植社区管理研究方向,在社会学所中培植农民工研究方向,在经济所中培植房地产研究方向。三是做大做强特色优长学科,如产业经济、区域经济、楚文化一直是我院的特色优长学科,近年来进一步加大扶持力度。产业经济着重加强三农问题研究,区域经济着重加强武汉城市圈、长江经济带研究,楚文化着重加强楚国历史文献研究、楚文化的当代价值研究、楚国名人名典研究,等等。四是整合传统学科,将文学所与历史所合并,组建文史研究所,将邓小平理论研究中心更名为马克思主义研究所,同时将原历史所中的党史、党建研究方向合并到马所中,使该所研究力量得到加强;五是大力发展编制外研究中心。先后成立了人才研究中心、文化产业研究中心、赛马彩票研究中心、反腐倡廉建设形势评价中心等新的科研运行模式,形成了一批新的研究团队,推出了一批较有影响的研究成果。

(三)深化科研机制改革

一是实施目标责任制。每年年初,院主要领导与省政府分管领导签订责任书,各个研究所与分管科研的副院长签订目标责任书,明确科研工作主要任务、责任人、完成时间、半年抽查、年终验收。年底经省政府目标办考核验收,如获评合格单位,每人奖励一个月的工资,如获评优秀单位,每人奖励一个半月的工资。

二是实行课题招投标制。对于省领导圈批的课题，外单位委托给我院的横向合作课题，面向全院科研人员公开招投标。中标的单位或个人，要与院方或院外委托方签订课题研究协议书，明确双方的责权利，确保课题按时按规定完成任务。课题完成后，经有关专家签定合格后才算最终通过，并享受协议书中所规定的全额科研资助费。通过实施招投标制，提高了省领导圈批及横向课题的质量。

三是推行项目管理制。为了促进科研整体水平的提升，不断提高科研生产力、成果社会影响力、管理执行力，我院积极探讨重要科研活动的项目管理制。"十一五"期间，先后实施了"蓝皮书"、"黄皮书"、经济形势分析、"年度报告"、《三农中国》、"湖北省社会科学院文库"、"楚天舒"等重要科研项目，每个项目年初明确责任人、责任单位、完成时间，配套专门经费，加强日常督办，确保年终重点科研项目的落实到位。真正做到了重点科研项目化，项目实施工程化，工程落实责任化。

四是完善绩效管理。我院出台了《科研人员考核管理办法》。此办法坚持定性考核与定量考核相结合、业内评价与本人自评相结合、领导评价与群众评价相结合、年度考核与任期考核相结合的原则，真正通过考核，把科研人员的注意力引导到服务党和政府决策上来，把科研人员的竞争力引导到打牢基础、占领学术高地上来。科研考核按科研任务、科研成果、宣传工作、教学工作、其他事项共五类确定计分标准，按照职称级别分别确定优秀、合格、基本合格、不合格等层次的分数标准。凡年终考核在合格以上的人员，发放第十三个月的工资奖金，并享受下一年度各项奖励工资；如果考核为优秀者，授予先进工作者称号，并享受相应的奖金；如果考核为基本合格及以下者，不享受第十三个月的工资奖金及下一年度的各项奖励工资。

（四）加大人才培养力度

一是明确人才建设的发展目标。计划在"十二五"期末，专业人员增加到150人，其中博士达50人，享受省级以上专家称号的人员达30人，湖北省有突出贡献的中青年专家达10人，培养若干名在全国较有影响的学术名家。

二是科学谋划人才工作思路。按照"扩大增量、优化存量、提升质量"的总要求，重点抓好科研队伍建设，统筹推进管理队伍建设。坚持把人才培养与岗位锻炼结合起来，努力在社科基金课题研究中培养学术创新人才，在决策咨询活动中培养决策咨询人才，在行政服务实践中培养管理骨干人才，在对外交往中培养特殊稀缺人才，在基层锻炼中培养中层领导人才。

三是不断改革和完善人才培养举措。持之以恒地面向社会公开招考40余名科研人员，大大改善了科研队伍的年龄结构、学历结构和专业结构。重视领军人才队伍建设，对于学术影响较大、科研业绩突出的高级职称人员，积极为其创造条件，推荐他们享受有关专家荣誉称号。设立湖北省社会科学院文库，凡博士论文、国家社科基金结项课题、有重要学术影响的理论著作纳入"文库"资助计划，一次性资助3万元。加强中青年科研后备人才队伍建设，主要是开展"读经典、打基础"读书班活动；选配所长助理，每所配备一名40岁以下的中青年科研人员担任所长助理；实施博士资助计划，凡本院人员在职攻读博士学位，毕业后一次性报销学费3万元或资助出版博士论文；选拔年轻干部到基层挂职锻炼；实施李达青年学术成果奖，首次表彰了四名科研成果突出的青年科研人员，在青年学者中引起较大反响。

（五）探索开门办院模式

一是建立社科分院(所)。20世纪90年代初中期，最早在十堰市建立了第一家社科分院,以后陆陆续续在襄樊、黄石、荆门、荆州、宜昌、鄂州、咸宁等地建立了分院,在钟祥、赤壁、广水等地建立了研究所。目前,在市(州)共建有7家分院,在县(市、区)共建有5家研究所。

二是联合开展课题研究。我院与省发改委、省新华书店(集团)公司、恩施自治州等单位或地方签订了合作研究协议。先由合作单位或地方给我院下达委托课题,我院组织院内外科研人员集体研究,研究成果鉴定合格后,委托方给我院支付研究经费。

三是探索与省外、国外有关学术机构合作新路。我院率先发起,联合中部其他五省社科院建立了中部崛起合作研究机制,每年编印一本中部蓝皮书,召开一次研讨会,编辑《中部论坛》内刊。我院还与香港招商局、俄罗斯科学院远东研究所和西伯利亚历史研究所签订了合作协议,举行了首次学术交流活动。

四是联合办报办网。与省委宣传部联合创办《湖北社会科学报》,与华中师范大学、新华社湖北分社等单位联合创办《辛亥革命网》。

(六) 加强学术窗口和宣传平台建设

一是加强《江汉论坛》名刊工程建设。2010年该刊已被省委列入全省重点理论期刊扶持对象,每年要配套专项资助费。近年来,我院非常重视该刊建设,每年在财政拨款中单列30万元作为办刊补贴,推行稿件匿名评审,强化年度转载率、转摘率的考核力度。该刊先后两次被评为"湖北十大名刊",并获首届湖北出版政府奖。

二是加强"湖北天空网"建设。该网站已被湖北省政府列为"宏观政策咨询与决策支持信息系统"建设规划之中,正在努力打造全省社科门户网站。与华中师大、新华社湖北分社等单位联合开办"辛亥革命网",这是迄今为止全国首家研究宣传辛亥革命的专业型网站。

三是创办《湖北社会科学报》。辟有社科政策、社科动态、学界名人、理论探讨、决策咨询、楚文化等栏目,面向全省高校、科研机构、县以上党政领导及党委宣传部门发行,社科影响逐步提升。

二、关于进一步加强新型智库建设的几点思考

经过近几年的探索实践,我们认为,现代新型智库是既不同于传统社科研究机构、也不同于党政部门的政策研究机构的一种新的思想库和智囊团。它以学术积淀为基础,以理论创新为支撑,以服务决策为目的,以成果转化为标准。其主要功能是为改革开放提供精神动力,为党和政府决策提供科学依据,为三大文明建设提供智力支持。

基于上述认识,今后我院将在以下五个方面进一步加强智库建设:

一是要以综合研究为基础。综合研究,既包括基础理论研究,又包括应用对策研究,其中前者是基础。没有扎实的基础理论研究功底,对策研究的水平也上不去,所以在强调应用对策研究的时候千万不能忽视基础理论研究,要充分整合优化人力资源,提高综合研究实力,发挥新型智库的综合研究优势。

二是要以决策咨询为要务。以决策咨询成效大小作为衡量新型智库的一个重要标志,是看它在何种程度上提供了符合我国社会主义初级阶段实际、有利于促进经济和科技发展、有利于推动社会主义现代化建设、促进决策民主化科学化、维护广大人民群众根本利益的成果。作为省一级新型智库,要以省域改革开放和现代化建设的实际问题、疑难问题为中心,着眼于对实际问题的理论思考,着眼于新的实践和新的发展,及时提供高质量的应用对策研究成果。

三是要以前瞻研究为重点。如今,经济全球化趋势日益明显,综合国力的竞争日趋激烈,科技进步日新月异,知识经济日趋发展,霸权主义和强权政治仍然存在,西方敌对势力对我国实施"西化"、"分化"的政治战略不

会改变。这种国际经济政治形势,对我国乃至各地经济社会的发展会带来一些什么样的影响,我们应该如何把握复杂多变的国际环境,如何抓住机遇、加快发展,使我国在国际竞争中立于不败之地,使地方院所在的省份在省际竞争中处于优势地位,这些都需要新型智库具有超前眼光,拿出前瞻性的研究成果。

四是要以成果转化为标志。社会科学研究同自然科学研究一样,存在一个成果转化问题,如果我们的研究成果不能被党政领导机关采纳和实际工作部门应用,其效果就会大打折扣。作为省级新型智库,我院的做法是通过《要文摘报》、《湖北社会科学报》等报刊,及时向省委省政府领导、各市(州)、县(市、区)领导提供理论动态、决策咨询建议和政策要览;通过举办经济形势分析会、中部论坛、企业论坛及时向社会发表决策咨询与对策研究成果,切实加大成果转化力度。

五是要以组织协调为特色。组织协调工作是社会科学研究机构的工作特色之一。作为省级新型智库,要在当地同行中有号召力,每年应主持或协助主持1—2次全省性的决策咨询论坛;要在全国决策咨询领域有凝聚力,每年应组织或协助组织1—2次跨省性决策咨询经验交流会,努力争取在同全国决策咨询部门的交往中占据一定的地位,具有一定的影响力。

发挥智库作用,推动中国—东盟合作与发展

吕余生[1]

自 1991 年中国和东盟关系正常化以来,中国与东盟合作迅速发展,取得了全方位合作共赢的成果。双方政治互信不断增强,经贸合作成果显著,中国—东盟经贸合作正处于历史上最活跃、最富有成效的时期。中国—东盟友好交流与合作的发展以及广西与东盟开放合作的成果,不仅是双方政府真诚合作、积极推动的结果,也是中国和东盟各国智库贡献智慧积极推动的结果,智库在中国-东盟交流合作中发挥着重要的作用。

一、发挥智库思想影响,推动凝结中国东盟合作共识

智库是知识、智慧和思想的一个集散场所,其最重要的产品是生产出符合社会发展趋势的新思想、新观点、新理论和新知识。思想和观点是智库的第一要素。这些思想虽然短期内政治上未必可行,但经过长期反复地倡导,有可能逐渐为决策者所接受,并最终获得足够的拥护者以至立法成规。多年来,中国和东盟国家的智库为各国和地区的发展,

---

[1] 作者系广西社会科学院院长,广西北部湾发展研究院院长。

为中国与东盟的合作和友谊,为促进广西与东盟的开放合作,为应对目前金融危机的挑战,进行深入研讨,积极建言献策,提出了不少建设性意见,发出了智库倡议,借助媒体机构不断地宣传研究成果和智库观点,为中国和东盟合作共赢共识的达成做出了重要贡献,发挥了积极独特的作用。

目前,智库专家提出的建议很多都已转化为中国与东盟的实践。如早在20世纪90年代广西社科院专家就提出了在中越边境地区东兴和芒街建设"两国一城"的概念,就是如今中越正在如火如荼建设的跨境经济合作区的最初设想。早在2004年广西社科院正式提出"南宁—曼谷经济走廊"概念,就是如今中国与东盟正在积极推动建设的中国南宁—新加坡经济通道的雏形。早在1988年,广西社科院学者周中坚在《从历史走向未来:北部湾经济圈构想及其依据》的论文稿中率先提出"北部湾经济圈"的概念,在国内外引起过强大的反响,应该说这是泛北部湾经济合作的最初思想。

2010年第五届泛北论坛上,泛北部湾相关国家16家智库机构在南宁发布了各方《推进中国南宁—新加坡经济通道建设联合倡议》,为推进这一通道建设,各方提出五点倡议。2011年第六届泛北论坛闭幕式泛北部湾相关国家智库发布了《泛北部湾智库峰会宣言》,一致认为区域合作及区域一体化将成为地区增长的主要推动力,区域合作与区域一体化对地区发展越来越重要;一致认为南宁—新加坡经济走廊是建设泛北合作的重要组成部分,对促进东盟一体化将发挥重要作用,对促进沿线区域经济发展和体现沿线居民福祉具有重大意义。这些倡议和宣言明确地阐述了加强中国—东盟次区域合作的必要性和重要意义,正确引导和塑造了加强合作的舆论氛围,从而有利于促进双方政府达成共识,促进中国与东盟合作的顺利发展。

二、利用智库优势,搭建交流平台,发挥"第二轨道"的沟通作用

智库既跟政府保持着紧密联系,但同时享有相对独立性和言论自由。很多在政府层面不好谈和不便于商谈的领域和话题,在智库层面却比较容易展开。智库利用这一独特优势,搭建交流平台,充分发挥"第二轨道"的沟通作用。

为了在官方交往之外,搭建学术界和思想界的交流渠道,增强中国和东盟的互信,促进中国和东盟的合作,2008年中国社科院国际研究学部和广西社会科学院共同发起召开首届中国—东盟智库战略对话论坛,该论坛被纳入中国—东盟博览会期间举办的系列论坛之一,该论坛每年针对中国和东盟发展新形势,就共同关心的话题设置议题,进行广泛的政策对话,迄今为止已连续举办四届,成为中国与东盟各国智库机构和学界交流的新渠道,这将有助于加强政府间的政策协调,为应对各种全球风险和中国与东盟合作挑战发挥积极的作用。

2010年由综合开发研究院(中国深圳)发起倡议,广西北部湾发展研究院参与主办,得到泛北区域各国智库机构积极回应和支持的首届"泛北部湾智库峰会"在广西南宁市举行。泛北部湾智库峰会旨在促进泛北地区的合作与发展,加强泛北地区各国智库之间的交流、沟通与合作,并为此搭建平台,进行广泛的政策对话。在会上,中国与东盟12家智库机构发表了《"泛北智库峰会"成立宣言》,倡议发起建立"泛北智库峰会"国际会议组织(PTTF),作为中国—东盟各国智库机构进行智力互动、文化融合、信息交流、友好往来的平台。我们深信,各国智库联合起来为区域经济合作所做出的共同努力,必将为各国政府提供更为有效的政策建议和决策参考,将形成泛北地区乃至中国与东盟地区经济可持续发展的重要推动力量。

2008年,第三届泛北论坛正式成立。由中方和泛北国家专家组成的联合专家组并召开第一次工作会议,联合专家组的功能,不仅在于对泛

北合作可行性开展研究，更重要的是在于牵线建立政府间多层次的合作机制，通过研究、谈判和协调，以解决实际问题，具体落实各方议定的事项。

为务实推进中国南宁—新加坡经济走廊建设，2010年7月，中国广西壮族自治区会同中国国家发展和改革委员会、交通运输部、铁道部、商务部及中国进出口银行等部门的研究机构组成中国南宁—新加坡经济通道考察团，从中国广西南宁出发，乘坐汽车和火车，途径越南、老挝、泰国、马来西亚、新加坡考察了南新走廊的相关情况，并与沿线国家的智库进行了5场座谈交流，就南宁—新加坡经济通道建设与各国智库机构交换了意见，得到了沿线各国智库的广泛支持和积极认同，达到了交流合作、凝聚共识的作用。

针对中越之间的具体合作领域，广西社会科学院每年都联合中国和越南的智库专家召开边境地区和口岸跨境合作研讨会，通过研讨会的举办，边境地区政府广泛达成了合作共识，智库发挥了良好的牵线搭桥和交流沟通作用。

三、为政府提供决策咨询，积极发挥"思想库"、"智囊团"的作用

近年来，中国和东盟智库积极为各自国家和中国与东盟合作建言献策，提供了大量决策咨询和智力支持。

首先，智库积极参与政府主办的各种论坛和研讨会，发出智库声音。泛北部湾经济合作论坛和大湄公河次区域经济走廊论坛是政府举办的两大次区域合作论坛，论坛举办得到了智库专家的大力支持和积极参与。在大湄公河次区域经济走廊论坛上，各国智库专家研究如何利用现有交通、资源和区位优势，减少并消除贫困，支撑和带动沿线经济走廊带的联动发展。在泛北论坛上，各国智库专家研究如何在互利共赢的基础上，由易到

难,由点到面循序渐进地展开交通基础设施、港口物流、旅游、海洋资源与能源等领域的合作。各国智库参与泛北部湾经济合作论坛的程度更深。第二届泛北智库峰会不仅直接放在第六届泛北论坛内举行,成为第六届泛北论坛的重要组成部分,甚至各国智库联合在论坛上发布智库倡议和宣言。会上发布的《泛北部湾智库峰会宣言》为加快推进中国南宁—新加坡经济走廊建设出谋划策,指出应从三个方面入手:一是交通基础设施,包括高速公路、铁路等方面建设;二是产业投资和物流合作;三是通过推进沿线跨境合作,使南新经济走廊在局部形成突破和示范效应,最终使整个经济走廊得以贯通。

其次,智库专家协力合作奉献出精品研究报告和政策建议。政府决策机构需要依靠智库作为第三方独立学术研究机构来提供政策性的参考意见。中国与东盟智库每年都开展大量的课题研究,形成大量优秀研究报告和科学可行的政策建议,为政府决策提供参考价值。尤其是在泛北合作等重大问题上,各国智库协力合作,开展联合研究。为推动泛北部湾经济合作,由中国与来自文莱、柬埔寨、印度尼西亚、老挝、马来西亚、缅甸、菲律宾、新加坡、泰国、越南等东盟10国以及东盟秘书处、亚洲开发银行的专家组成泛北部湾经济合作联合专家组,对泛北部湾经济合作可行性进行研究,共同开展《泛北部湾经济合作可行性研究报告》(以下简称《报告》)编制工作。《报告》完成历时近3年时间,先后举行4次联合专家组会议,经历了起草大纲、起草报告、反复磋商修改及专家审议通过等四个阶段。2011年6月2日,泛北部湾经济合作联合专家组第四次会议在广西举行,经过联合专家组与会专家的认真讨论和修改,最终通过了《报告》。2011年8月12日,在第十次中国—东盟经贸部长会议上,中国与东盟各国部长讨论并通过了《报告》,并同意将《报告》提交中国—东盟领导人会议讨论,标志着泛北合作取得了实质性进展,在泛北合作历史以及中国—东盟全面合作进程中具有里程碑意义。2010年7月,以中国有关智库专家为主组成的中国南宁—新加坡经济走廊考察团,沿途考察东盟五国,完成提交的《中国南宁—新加坡经济走廊考察报告》得到了广西区政府的高度评价,并指示广西区直各职能部门高度重视,认真学习。

再次,分析新形势,研究新问题,提供新对策。随着中国—东盟自由贸易区的如期建成,东盟一体化、东亚一体化呈现新的态势,全球金融危机带来严峻挑战,中国—东盟合作面临新的环境,新的机遇,并站到了新的历史起点上。但由于各国经济体的情况不同,发展阶段不同,这就需要"智库"对经济体进行多维度的研究,对中国—东盟合作进行新的认识,形成有针对性、可操作性的应对方案,为政府和企业提供决策参考。

四、充分发挥智库作用,推进中国—东盟各项合作的具体落实

通过加强各国智库的合作,充分发挥智库理论智慧对中国-东盟交流合作实践的促进作用,从而加快中国—东盟各项合作的具体落实。智库不断地通过各种渠道发出智库的声音和倡议,营造舆论氛围,促进政府层面形成共识,影响政府决策,有时还直接为政府决策提供咨询服务。不仅如此,智库还不断地建言督促中国—东盟各项合作的具体落实,建言督促双方政府加快实施具体项目,针对具体实施过程中出现的问题提出对策建议。当前,中国-东盟合作的丰富实践为各国智库交流合作及研究提供了广阔空间,中国-东盟关系的进一步发展和交流合作的具体实践也迫切需要各国智库专家学者的理论创新和献计献策。

五、促进各国智库人才交流合作,共同培养促进中国—东盟关系发展急需的高端人才

随着中国—东盟交流合作的不断深入发展,急需熟悉中国—东盟情况

的高端人才。而智库不仅是高端人才的聚集地,同时也是人才的培养基地。智库通过承接政府部门相关研究课题和在政府部门挂职来实现自身研究型人才的历练和培养,成为政策研究型人才及未来决策者的培养基地,同时又是网罗社会各个阶层精英群体的"俱乐部",充当人才流通的"中转站"。在中国已有的高级别智库当中,其组成研究人员有的就是"学而优则仕"的学界精英,他们在政、学两界游刃有余,进退自如。

同时,智库机构采取各种方式促进智库人才交流合作,共同为促进中国—东盟关系发展培养更多更好的高端人才。2011年第二届泛北智库峰会上泛北智库机构共同倡议搭建长期探讨平台,在人员交流与互访、联合开展研究等方面进一步加强合作,保持和加强对区域内经济与政策的磋商,为各国政府提供更为有效的政策建议和决策参考,推动泛北地区经济的持续稳定发展。各国智库专家不仅在召开年度中国—东盟智库战略对话会议期间展开战略对话,而且各国智库之间都签有友好合作协议,休会期间各国智库可以根据研究和人才联合培养的需要继续进行合作。近几年,广西社会科学院与东盟各国的有关智库机构保持着紧密联系和良好合作关系,与越南社会科学院、老挝社会科学院等东盟国家的智库签署了合作协议。各国智库还与各国高等院校牵线搭桥,促进双边互派留学生,培养各级各类人才,比如说湄公河学院就多次为广西、云南等省区培养各类人才,广西有关高等院校也为东盟各国培养了大批留学生。

总之,多年来,中国和东盟国家的智库为各国和地区的发展,为中国与东盟的合作和友谊做出了重要的贡献。在当前世界处于急剧变化的时期,随着中国与东盟合作的进一步发展,我们必将看到,各国智库必将发挥更大作用,必将合作产出更多具有前瞻性、战略性、创新性的思想和智慧,更好地服务于中国与东盟的合作实践,谱写出中国与东盟合作的新篇章。

坚持创新，促进转型，
建设社会主义新智库

四川省社会科学院

一、四川省社会科学院社会主义新智库建设的概况

（一）建设社会主义新智库的提出

2004年3月，中共中央在《关于进一步繁荣发展哲学社会科学的意见》（以下简称《意见》）中提出，党委和政府要经常向哲学社会科学界提出一些需要研究的重大问题，注意把哲学社会科学优秀成果运用于各项决策中，运用于解决改革发展稳定的突出问题中，使哲学社会科学界成为党和政府工作的"思想库"和"智囊团"。接着，中共四川省委在《关于努力推进哲学社会科学事业繁荣发展的意见》中进一步明确了哲学社会科学界成为党和政府工作"思想库"和"智囊团"的具体措施，从此，我院开始研讨"如何推进科研转型，加快社会主义新智库建设"，从指导思想和行动上探讨未来发展路径。

"创新型科研院（所）"这个概念，是在2005年院党委的《工作要点》中第一次明确提出来的，同时提出了"天纳三才，追求学识；府兴百学，创造新知"的社科精神；而第一次明确提出社会主义新智库的概念是在2006年3月制定的《全面推进创新型科研院（所）建设的实施意见》中，7月20日，我院召开的第二次党委理论学习中心组（扩大）学习会上，专题研讨了建设社

会主义新智库的战略构想,进一步夯实了我院建设社会主义新智库的基础。在这次会议上,院党委书记贾松青作了《坚持创新,促进转型,建设社会主义新智库》的主题报告。这次会议的主题是"坚持创新,促进转型,建设社会主义新智库";这次会议的特点是参会人员不仅扩大到所(处)级中层干部,而且吸收全体科研人员和职能部门的部分职工代表参加,广泛征求和听取各方面的意见,统一思想,转变观念,齐心协力推进社会主义新智库建设。

(二)加快建立和成长时期

2007 年,我院通过总结科研转型和建设新智库的经验后认为,建设社会主义新智库是以科学发展观为统领,通过持续不断的艰苦努力,造就一批研究型学术大家、应用型研究的杰出人才,推出一批原创性理论著作、生长型实践成果,形成一批科研教学实践基地、品牌期刊和栏目,为我国和四川省推进经济、政治、文化、社会等"四位一体"的中国特色社会主义建设,提供源源不断的精神动力和智力支持。因此,我院推进社会主义新智库建设的基本思路是坚持"三新",把握"七个环节",理清"十大关系",并逐步加以推进落实。

1. 三新

"三新"就是推进社会主义新智库建设要解放思想,转变观念,打破传统思维和科研模式,在科研工作中要有"新思维"、"新方略"和"新举措"。

2. 七个环节

推进社会主义新智库建设,必须把握社会科学研究规律。就科研过程来讲,一般要经过以下七个环节:资源(科研资料)→投入(科研条件)→专家(科研主体)→产品(科研成果)→服务(科研增值)→推广(科研品牌)→转化(科研完成)。这七个环节,环环相扣,互相联系,互相依存,互相促进,缺一不可。只要我们深入把握社会科学研究规律,就能切实有益地推进社会主义新智库的建设。

3. 十大关系

新智库建设是一个复杂的系统工程。根据科研主体、科研客体、服务对象和中介过程的不同特点及互相联系,新智库建设需要妥善处理好以下十个方面的关系。一是基础研究与应用研究的关系。二是现实研究与前瞻研究的关系。三是知识积累与科研创新的关系。四是学术品牌与学科建设的关系。五是个体研究与集体研究的关系。六是本职研究与兼职研究的关系。七是学术自由与宣传纪律的关系。八是科研工作与行政管理的关系。九是科研工作与教学工作的关系。十是学术大家与学术梯队的关系。认真处理好这十大关系,是我院深入贯彻落实科学发展观,积极主动地为我省经济社会发展作出更大贡献,推动哲学社会科学事业发展繁荣的大事。因此,要站在社科院战略发展的高度,勇于改革,开拓创新,求真务实,为把我院建设成为社会主义新智库而贡献智慧和才华。

(三) 加快转型和发展时期

2009 年 12 月 11 日,四川省委书记刘奇葆同志作出重要指示:"希望省社科院立足全省经济建设、政治建设、文化建设、社会建设和生态建设的生动实践,提出具有参考价值的意见建议和具有可操作性的对策措施,为各级党委政府提供决策参考。"

为此,我院社会主义新智库建设开始加速,通过大力推进高端决策智库建设,科研资料有所整合,学科建设有所加强,青年科研人员成长较快;在"大报大刊"发表的成果有所增加。提出的对策建议采用率明显提高,全院各项工作都取得了优异成绩。在上报的 17 项科研成果中,有 12 项分别获得国务院和省委、省政府领导的批示,如副院长郭晓鸣研究员提出的《应当高度关注当前农村政策实施中存在的问题》获得了国务院温家宝总理等领导的批示,常务副院长周友苏研究员提出的《康区基层干部出现的一些问题值得关注和重视》获得了省委书记刘奇葆批示,区域经济研究所所长刘世庆研究员等人提出的《水电基地四川,急需发展核电》分别获得了省委刘奇葆书记和蒋巨峰省长的批示。在学科建设方面,我院取得了专业学位建设的重大突破,国务院学位委员会批准我院为法律硕士专业学位研究生培养单位,使我院成为全国第一家取得法律硕士专业学位授予权的地方社科院,也是四川省获此殊荣的唯一一家科研单位。

2010 年,我院又有 36 项对策建议获得中央和国务院领导,省委常委、省长、副省长、省人大常委会主任、省政协主席等领导批示,比 2009 年的 21 项增加 15 项,增长率高达 71%,呈现出"两高四多"的特点:一是采纳率高,以"川社科"、"川社科研"等文件上报的对策建议采纳率达到 70%;二是领导批示层次高,获得温家宝、李克强、回良玉等中央领导批示的有 2 项,获得省委书记刘奇葆批示的有 8 项,获得省长蒋巨峰批示的有 7 项;三是批示人次多,平均每项获批对策建议有两位领导批示;四是专项研究课题获得批示多,其中,对"十二五"时期发展研究思路的对策建议有 4 项获得批示,涉藏对策建议有 6 项获得批示;五是院重大课题研究成果获得批示多,年初确定的 5 项重大课题研究成果中共有 23 项对策建议获得批示。此外,还在《人民日报》《光明日报》等发表精品佳作 11 篇。

此外,我院还提出了名院、名所、名家、名刊、名网等"五名"建设。其主要措施:一是围绕重大理论和现实问题集中力量进行科研攻关,推出具有针对性、实用性和影响力的"精品力作",提升我院作为"天府智库"的知名度,打造"名院"。二是加强团队合作,以所为基础,瞄准科研目标,群策群力,形成科研实力和科研竞争力,打造"名所"。三是以学术会议、学术论坛和科研课题为纽带,采取多种方式组建科研团队,有计划、分步骤的推出"学术大家"、"学科带头人"和复合型"领军人才",加强策划和宣传,不断在全国学界推出我院的专家学者,扩大我院专家学者的社会影响力,打造"名家"。四是探索"六刊一报"资源整合,甚至组建"省社科院报刊集团"的运营模式,继续巩固我院主管主办的期刊和报纸等办刊及办报的经验,探索期刊和报纸专兼职编辑运行方法,注重编审、经营、运行和管理,注重栏目设置、主题选择、要目互载和平台共享,不断提升办刊质量,提升刊物档次,打造"名刊"。五是办好我院院网和"四川社会科学在线"网站,创新网站的编辑、管理和运营机制体制,丰富网站内容,提升网站影响力,打造"名网"。

二、四川省社会科学院社会主义新智库建设的经验与启示

(一) 基本经验

1. 整合科研实力,个体转向团体

经济社会发展的多变性和复杂性,决定了为经济社会发展服务的科研人员,必须具有合理的知识结构及较高的综合能力,要求科研人员要在精通一门专业知识的基础上,还要掌握多学科、跨领域及综合性的知识,个体的知识毕竟有限,只有团队作战,才能优势互补,资源共享,实现知识结构的多样化,满足为经济社会发展的服务需求。

2. 提高科研效益,理论转向实践

理论来源于实践,又必须为实践服务,这是理论研究的出发点和最终归宿。我们要加快实现从单纯的理论研究向以社会重大实践活动为对象的研究转变。建设社会主义新智库就是要用我们掌握的理论知识,研究实践、认识实践、服务实践和总结实践,就是要为领导决策、经济社会发展和改善民生服务,出主意,想办法。

3. 扩大科研影响,封闭转向开放

我们所处的时代是一个加快发展和急剧变化的时代,社会是一个充满竞争和开放的社会。科研人员要坚决杜绝"两耳不闻窗外事,关起门来做学问"的不良习气,要坚持"研以致用"的原则,无论是什么历史时期,科研

的终极目的仍然是要为实践服务，为加快经济发展服务，以促进社会进步。

4. 注重科研基础，经验转向理性

理论研究要以实践为基础，把纷繁的实践活动进行概括、提炼和总结。要透过事物的现象，看到事物的本质，找到事物发展的普遍规律，提出促进事物发展的有效举措。理论研究要由经验思维向理性思维转变，必须走向社会，走向群众，为群众服务；科研成果必须得到业界认可、社会认可和领导认可，最后接受实践的检验。

5. 强化科研水平，学历转向能力

当高等教育从精英教育走向大众教育后，获得高学历的人群越来越多，高学历人数已经逐渐走出稀缺的困境。但是，高学历只能证明一个人曾经的学习经历，并不代表自身的科研能力。从 2008 年争取的国家社科基金课题中我们可以看出，45 岁以下的青年科研人员有 7 人争取到国家社科基金课题，占了一半多，这对于我们社科院的未来发展无疑增加了新的希望。因此，要加快实现由学历型向能力型转变，高学历人员必须把自己"多年寒窗"打下的坚实基础，用于指导实践的变革，才能为建设社会主义新智库做出最大的贡献。

（二）主要启示

我们所从事的社会科学研究，是一项综合的、长期的和复杂的智力劳动。我们在实践中体会到，必须在坚持正确研究方向的前提下，同时还应具有"追求学识，创造新知"的科学精神，不断深化对经济社会发展规律的认识，不断推出决策需要、社会大众需要的精神产品。

1. 必须在改革创新中推进科研转型

科研转型是省委、省政府对我们的要求，希望我院率先推进科研体制和机制改革，为省委、省政府科学决策真正起到思想库和智囊团的作用。为此，我们必须痛下决心，狠下功夫，排除万难，加倍努力，率先在改革科研

体制和机制上取得实质性的新突破和新进展。一是彻底改变传统思维方式和科研工作方式。牢固树立科学发展观,牢固树立"两个大局"的思想,牢固树立历史唯物主义和辩证唯物主义,牢固树立"实践是检验真理唯一标准"的思想,牢固树立为地方经济社会发展服务的使命和责任。二是彻底改变以现有所处建制谋划科研工作的格局。自觉担负起全省应用对策研究"龙头"地位的职责,开门办院,整合组织国内外科研学术资源,把我院办成无疆界无壁垒的地方社科院。三是彻底改变传统的科研考核办法。采取按职称、按学科、按年龄段的个性化考核和柔性化管理,最大限度地解放和发展科研生产力,增强我院的科研软实力。四是对策研究要彻底改变"两耳不闻窗外事,一心只读圣贤书"的学术生存方式。科研人员要走出书斋,走出院门,深入社会、深入基层、深入民众,调查研究经济社会发展过程中出现的新问题和新矛盾,提出解决问题和化解矛盾的办法,为四川"两个加快"做出应有的贡献。五是彻底改变对策建议经院式和空洞式的表述方式。要以典型的事例、深刻的分析、事实的比较、量化的论证、可行的措施、生动的语言,提供领导看得明白、部门操作明确、实施效果明显的对策建议和实施方案。这就需要我们每位科研人员来一场思维方式、逻辑结构、话语系统的革命。真理往往是朴素简明的,对策往往是真实有效的。我们要学会写什么、如何写对策建议的基本技巧,使我院今后每次提出的对策建议都有思想、有远见和有作用。

2. 必须在发挥优势中推进科研转型

我们要正确认识"发展是第一要务"与"科研转型"的关系,在发展中促转变,在转变中谋发展。我们要进一步"认识自己",找到合适的立足点和恰当的定位。当前,我院的优势概括起来主要有三个方面:一是智力密集优势。截至2010年底,我院共有职工649人,其中:在职职工417人,离休职工33人,退休职工199人;在职工总数中,科研人员320人;正高级职称

80 人,副高级职称 83 人;博士 58 人,在读博士 25 人。在科研人员中,高级职称科研人员占全院科研人员总数的 51％,具有博士学历和正在攻读博士学历的人员占科研人员总数的 26％,科研资源丰富,有利于形成科研创新和文化创意的氛围。二是资源整合优势。在我省实施"统筹城乡发展试验区"和建设成渝经济区的国家战略过程中,我院具有充分发挥地方智库的独特优势,为我院整合国内外学术研究资源、协调国家和省市社会资源,为组织重大课题联合攻关提供了新的发展平台。三是区域位置优势。我省是中国西部对外开放的重要窗口,是长江流域的重要组成部分。随着西部交通枢纽的形成,四川即将成为中国从西部走向世界的前沿阵地,许多重大问题亟待我们社会科学工作者去研究,并提出切实可行的对策措施。因此,我们一定要把握好和发挥好这些优势及有利条件,转化为我院实现科研转型的资源、政策和环境,扬长避短,探索和走出一条具有我院自身优势及特色的科研发展道路。

3. 必须在社会实践中推进科研转型

胡锦涛同志指出,理论研究只有同社会发展的要求、丰富多彩的生活和人民群众的实践紧密结合起来,才能具有强大的生命力和影响力,才能实现自身的社会价值。社会实践是一本永远读不完的大书,是一处取之不尽用之不竭的思想源泉,是一个永远充满吸引力和魅力的大舞台,是一处永远召唤智者勇者的大战场。它需要我们必须坚持理论联系实际的优良学风,充分发挥中央三号文件对地方社科院所赋予的使命和作用,确立以重大理论和现实问题为中心的科研原则,将科研视野定位在国家战略发展上,将科研眼光盯紧在学术前沿上,将科研对策立足在现实问题中,或提出事关全国全省发展的重大对策建议,或提出解决区域发展和民生问题的具体措施,可以是理论追问与反思,可以是现实批判与建构,可以是案例分析与诠释,可以是调查辨析与建议,可以是创意策划与运作,可以是实施论证与谋划,可以是过程管理与监督,总之,只要能够有力有效地推进社会实践进程,我们就要解放思想,甩开双臂、义不容辞、责无旁贷地去思考、去探索、去努力和去奋斗。

4. 必须在聚集效应中推进科研转型

当今时代,"蝴蝶效应"已成为全球化、信息化的普遍现象。跨学科、跨文化、交叉学科、边缘学科已成为大趋势。任何经济社会和区域发展问题,仅靠单一学科或单一个体已无力穷尽和根本解决。只有整合众多学科,才能攻克某一理论和现实问题。某一社会新现象的出现,折射出、派生出许多学科的研究范畴和研究对象,也需要集合性、多领域研究。因此,我们一定要打破学科界限,突出多学科合作优势,整合资源,重点攻关,从不同的学科视角切入,把同一问题搞深搞透,拿出解决问题的最优方案。这种科研办法,要求我们各位科研人员既要充分发挥学科主体优势,又要善于尊重他人意见,养成不断反思、不断否定、不断建构的学术精神,养成善于学习、优势互补、扬长补短的学术品格,养成触类旁通、举一反三、直抵真理的学术智慧,相互激励,既要发挥团队攻关的合力作用,又要调动每个科研人员的积极性、主动性和创造性,形成我院崭新的学术研究环境和科研聚集效应,推出一批学术新秀、学术中坚、学术大家。

5. 必须在学术品牌推广中推进科研转型

树立学术品牌意识,是我们自身生存和发展的必然选择。要形成一套知名品牌打造机制,长期坚持不懈地推进。要具有国际视野和战略眼光,切准时代脉搏,抓住问题要害,提出独特见解,争取每年的科研成果都能产生广泛影响。打造学科"知名品牌",就是要把在同行中具有一定优势和竞争力的学科,通过品牌策划、品牌培育、品牌宣传、品牌形成和品牌壮大等过程,在一定区域内形成能够引领时代新潮流的学科。要立足于品牌论坛、品牌栏目和领军人才的创新,逐步培育和形成具有较大影响的知名品牌效应。要有计划、有重点、有目的地宣传我院的人才和成果。我们要改变传统的节庆宣传、院网宣传方式,充分发挥"六刊一报"、四川社科在线和全国各大媒体的作用。我院每种刊物每期的封三要开辟宣传专栏,策划新闻亮点,设计学术看点,找准成果卖点,有计划、有步骤、有重点地宣传我院三十年来,特别是新智库建设以来为国家、为省委省政府、为国计民生作出贡献的专家学者和科研成果,推出一批大家,推出一批新秀,推出一批成果,让领导器重我们,让社会尊重我们,让同行看重我们,让大众知晓我们。只有又做又说,我们的价值才会受到社会认可,我们的尊严才会得到体现。我们从事的社会科学研究工作,只有通过让人们知道我们在研究什么,只有让人们知道我们的科研成果有什么作用,才能促进科研成果转变成现实生产力,推动社会实践的发展。扩大我院的科研影响力、科研认知度和科研普及率,为全省经济、社会、政治、文化和生态建设提供智力支持。

三、四川省社会科学院社会主义新智库建设的战略取向

(一) 着力于传统思想的解放,提高科研创新力

经济在发展,社会在进步,我们科研工作者必须坚持不断地解放思想,才能不断提高科研创新的能力。一是要继续解放思想。要把社会主义新智库建设提高到一个新水平,就必须以解放思想为先导,进一步开阔眼界和思路,牢固树立以人为本、统筹兼顾、质量效益等理念,努力拿出新办法、打开新局面。解放思想不是脱离实际的空想,更不是胡思乱想,而是实事求是、与时俱进和求真务实。这就要求我们始终坚持科学精神,既敢于打破传统观念的束缚,勇于实践、大胆探索,又遵循客观规律,不断研究新情况、解决新问题。二是要坚持科研创新。科研创新是科研工作时代精神的核心,也是推进社会主义新智库建设的强大动力。应针对国际国内形势深刻变化、群众思想观念和价值追求趋于多样的新情况,准确把握当前社会

主义新智库建设的阶段性特征,切实增强社会主义新智库建设的主动性、针对性和实效性;针对社会开放程度不断提高、信息技术快速发展、互联网等新兴媒体广泛运用对科研工作带来的影响,紧跟时代发展、紧扣使命任务、紧贴科研实际,认真总结实践中的新鲜经验和有效做法,大胆探索创新,使社会主义新智库建设更加富有时代性、科学性和创造性。三是要注重科研效益。衡量社会主义新智库建设的标准,绝不能仅看发表了多少文章、提了多少建议,而要把着力点放在实现科研效益最大化上。应进一步明确社会主义新智库建设的指导思想,深入实际进行调查研究,摸清党委政府和群众关注的重大问题,提出切实可行的办法,努力提升科研效益。

(二)着力于科研水平的提升,提高决策服务力

提升科研水平,关键是要做到"六个坚持"。一是要坚持求新。要善于从变幻莫测的世事中寻找到事物的"新",才能始终站在理论前沿,开展具有创造性意义的研究和发明、见解及活动,以新思想、新理念和新对策建议服务于经济社会发展,这既是自主创新,也是一个民族的灵魂。二是要坚持求变。要认清事物是运动的,运动是变化的,变化是有规律的,规律是可以找寻的,科研工作不但要从变化莫测的事物运动中寻找到事物发展的规律,而且要通过应用这些规律,促进和谋求事物的发展,以"变"实现"通达"。三是要坚持求异。要力避"人云亦云",力避科研成果"似曾相识",给人以"雷同"之感。要坚持说别人没有说过的话,想别人没有想到的事,在"众说纷纭"中"独辟蹊径",提出自己的独特见解。只有"百家之言,各执一词",才能"欲以究天人之际,通古今之变,成一家之言。"四是要坚持求真。要追求真理,敢于说真话。当年,鲁迅、胡适、陈寅恪和傅斯年等人敢说真话,就在于他们学术上的成就。作为科研人员,如果学术上没有水平,研究工作没有成绩,就没有独立的底气。近年来,由于学者和智库机构频出洋相,招致了大量的舆论批评。五是要坚持求是。要从实际出发,认识事物

的本质,从宏观决策和发展的角度,按照事物的实际情况提出解决问题的办法,提出符合事物发展客观规律的对策建议,提出符合人类社会发展的客观规律和全人类的利益,不能为了某些小集团的利益,皂白不分,信口开河。六是要坚持求精。要加快推出精品力作,这是我们科研转型和建设社会主义新智库的重中之重,要"好上加好,锦上添花",力争做到"语不惊人誓不休"。虽然"一字千年难得,哪来字字珠玑",但是,只要热爱科研,潜心科研,当我们推出精品力作时,就能达到"十年不鸣,一鸣惊人"的效果,以提升地方社会主义新智库的服务水平。

(三) 着力于基础理论的研究,提高学术竞争力

学术竞争力的核心在思想,关键在创新,重点在特色。竞争力是参与双方或多方的一种角逐或比较而体现出来的综合能力。它是一种相对指标,必须通过竞争才能表现出来,笼统地说竞争力有大有小,或强或弱。提高竞争力的方法是勤奋、保持好奇心和危机意识。思想来源于思考、分析和比较,来源于辩证思维的灵活应用和学术想像力,来源于系统完备的理论知识建设,运用对比分析的科学方法,站在全球背景下和理论前沿,对当前经济社会发展的具体问题进行具体分析,提出新观点和创造新理论。要坚决反对说别人说过的话,"拾人牙慧",不创新相当于"自杀";要坚决抵制学术不端行为,既严格禁止抄袭及模仿,又严格禁止自我重复"炒冷饭"。要进一步规范学术道德,即使暂时不能创新,但也必须坚持学术良知,决不容忍剽窃抄袭的不良行为发生。因此,必须要大胆设计、追问和想象,这就是创新。创新无处不在,无时不在,每个人面对的专业都具有巨大的创新空间,每个人都是创新的主体,具有激活创新能力,开发自我创新潜力,只有创新,才能突破自我和超越自我,推出的科研成果才具有学术生命力、学术价值和学术领先性,才能不断提高学术竞争力。

我们作为地方社会主义新智库,学术应该如何发展,理论研究应该向

何处去,如何开创性地发挥职能和尽到职责,必须先期勾勒和制定学术发展路线图。勾勒和制定建设地方主流智库的学术发展路线图,必须做到"三个坚持",一是要坚持经济社会发展"问题"和"方向"的研究。二是要坚持始终站在理论前沿和学术理论问题研究。三是要坚持对重大现实问题的对策研究。当然,更为重要的是要持之以恒地沿着我们先期勾勒和制定的建设地方主流智库的学术发展路线图推进,理论来源于实践,又反过来为实践服务,通过促进实践的发展来极力彰显地方主流智库的实力。

(四)着力于主流媒体的联系,提高舆论影响力

舆论影响力的核心是话语权,关键是敏感性,重点是辐射力。我们身为专家学者,要具有反应敏捷、思维方式灵活、课题设计新颖的本领。要时刻关注重点、难点及焦点问题,时刻关注关系国计民生和经济社会发展等重大问题,并深入思考和研究,才能厚积而薄发。要积极主动地参与领导决策,参与各种经济社会发展的咨询和策划,准确表述自己的科研成果和观点,努力提高公信力。要加强与主流媒体进行联系,对经济社会的重大问题不断发表专家学者的意见;要积极主动地通过大众传媒,如通过网络和手机信息等多种渠道,向大众传播专家学者的思考和见解,以提高舆论影响力。

(五)着力于环境设施的改善,提高智库凝聚力

智库凝聚力的核心是建设美好和谐的科研环境,关键是培养科研人才,重点是推出科研成果。凝聚力是我们全院职工之间为实现科研目标而实施团结协作的程度,主要表现在每个职工的个体动机行为对科研目标任务所具有的信赖性、依从性乃至服从性上。世界上除了某些科学发明、文学创作和书本学习等少数事情外,大多数事并非依靠个体或少数人力量就能做的,所以也就需要凝聚力。群体的凝聚力是个性心理特征中的统一相应的整体配合效能、归属心理在意志过程中的"共同责任利益意识"的作用

下而形成的一种士气状态。在全球经济一体化形成过程中,每一项科研工作都日益复杂化,对科研人员的要求也越来越高,必须依赖于团队群体的力量,才能开创性地完成科研任务。因此,我们必须继续着力于环境设施的改善,以团结和凝聚科研人员,培育和吸引学术大家,共同促进社会主义新智库建设。

我们作为科研人员,必须面向经济社会发展、面向决策需要和面向民生改善,重新认识社会主义新智库建设面临的新形势,把握和抓住智库发展机遇,在推进科研创新过程中建设社会主义新智库,埋头搞科研,齐心谋发展,加快把我院建设成为创新型学术观点不断产生、创新型科研成果不断推出、创新型学术气氛基本形成和创新型科研人才不断涌现的地方社会主义新智库。

推动科研转型,争做地方政府的"智库"

——云南省社会科学院科研管理改革与创新

云南省社会科学院

新世纪以来,云南省社会科学院顺应社会发展对社科研究提出的新要求,贯彻执行院"抓改革、促开放、建支柱、保重心、造名家、推精品、稳人心、创辉煌"的发展思路和建设"四个基地"的发展目标,在实际工作中集中力量,集中资源,突出重点,打造"品牌",生产精品,造就名家,不断改革创新,推动科研转型,提高应用研究和决策咨询研究的能力,促进社科研究对地方经济社会发展的贡献率。主要特点为:一是打造项目平台、发布平台、交流平台和决策咨询平台,通过平台创新来促进科研转型、推进学科建设;二是推动机制创新,促进地方社科研究工作进一步发展;三是推进"智库"建设,提高社科研究的决策咨询服务能力,推动科研成果社会化。

一、平台创新

1. 重视项目平台、促进科研成果社会化,推动学术发展

随着社会科学事业的发展,云南社科院专家承担的项目类别也不断增加,除了国家社科基金项目、省哲学社科规划项目、院级项目之外,又增加了国家社科基金西部项目、"西南边疆历史与现状综合研究项目"、"东南亚南亚研究院和民族研究院"课题、"省长项目"、"智库"课题等。这些紧跟时

代脚步的项目为云南社科院的科研提供了重要的发展平台。据不完全统计,云南社科院建院以来先后承担国家社会科学基金研究项目(含西部项目)75项;承担西南边疆历史与现状综合研究项目13项;承担云南省哲学社会科学规划项目94项;承担东南亚南亚研究院课题和民族研究院课题共20项;承担省院省校合作项目4项;承担中央有关部委、云南省政府及各有关部门下达的重点研究项目57项;承担国际合作项目40余项;完成了地州及企业、社会委托研究项目百余项,取得了一批有重要现实意义和重大学术价值的优秀成果。

通过不断强化科研管理,各类项目无论在申报、立项、结项的数量上一直呈大幅度提升,同时,在项目中期管理、经费管理等方面也不断程序化、规范化、科学化,科研成果质量不断提升、结项时间不断缩短、结项率不断提高,成果的质量越来越高。

2. 打造高水平发布平台,形成云南社科院学术品牌

按照"造名家"、"推精品"的科研发展思路,在院党组的领导下,着力整合科研力量和资源,搭建研究与交流的平台,推出了《云南蓝皮书》、《云南全面建设小康社会研究丛书》、《云南省社会科学院研究文库》等系列丛书,构建了特色鲜明的学术研究平台,使其产生较好的科研成果服务现实的社会效益和重大的社会影响。

《云南蓝皮书》、《云南全面建设小康社会丛书》、《云南省社会科学院研究文库》三大丛书作为重点工程,把对云南经济社会发展重大问题的研究放在突出的重要地位,作为本院的决策咨询平台和成果发布平台。三大丛书的连续推出,在社会上的影响不断扩大,已成为我省公认的学术品牌,成为党政、文化宣传、社会各界人士了解省情的重要参考。

云南社科院还出版了"宗教研究丛书",《云南伊斯兰教史》、《云南基督教史》、《云南道教史》等受到省政协领导、省宗教界人士的赞誉,为云南制

定宗教政策、处理宗教问题提供了重要参考,也得到西南地区学术界的一致肯定和好评。

此外,还启动了另外一些有学科建设价值及服务云南改革开放与社会发展建设的丛书,如《云南民族志丛书》、《云南民族文化保护丛书》等,组织编撰具有特色的,有着多年积淀的学术研究系列丛书,如《离退休专家学术文库》丛书。各领域研究平台为云南社科院的科研发展起到了重要的推动作用。

3. 拓展学术交流平台,打造多元化、国际化学术团队

云南社科院在学术交流与访问、组织与申报国际合作研究项目、举办国际会议等方面,都取得了显著成就。新世纪以来,云南社科院主办或承办了35次大型国际国内会议。逐渐形成了交流与合作渠道多元化、国际学术交流日趋活跃的局势。

此外,云南社科院还先后组织、召开和参与了系列学术座谈会、学术讲座和学术交流活动近百余次。这些学术交流活动受到了全院科研人员的积极响应,活跃了学术气氛,促进了院内外学术交流与合作,拓展了云南社科院科研人员的研究视野,在全院形成良好的学术氛围。大部分的学术会议都出版了论文集,成为云南社科院又一重要的学术交流平台。

4. 提高决策咨询水平,为云南经济社会发展和改革开放服务

充分发挥《云南智库要报》、《云南社科要报》、《舆情信息》等研究报告的作用,开展了全方位、多层次、多角度的决策咨询研究,把一批质量高、时效性强、具有时政意义的决策咨询报告上报了省委、省政府,向省委、省政府提出了多个具有前瞻性、战略性和对策性的构想和建议,有的咨询报告被中央内刊转载,有的咨询报告得到了中央、省领导的肯定和批示。

直接为党和国家的重大战略决策服务。在院党组的领导指挥下,紧密围绕构建和谐社会、加快改革开放、发展对外经贸、推进中国与东盟合作、

建设中国(云南)国际大通道、维护边疆稳定和民族团结繁荣等党和国家工作全局的若干重大问题,开展了大量深入的战略性研究,直接为党和国家的重大决策服务,提出了一系列前瞻性较强,具有战略意义的建议。

直接为省委、省政府进行决策咨询服务。围绕省委、省政府的宏观决策需要,深入研究云南省改革开放过程中具有全局性、战略性、前瞻性、基础性的重大课题,参与全省有关重大政策、重大问题和重要规划的咨询研讨;及时了解省委、省政府面临和关心的重大决策问题,"想省委所想",全方位、多角度、客观地分析和思考,为省委省政府决策提供参考依据,积极发挥参谋作用;对涉及云南省政治、经济、社会、文化和对外开放等方面的重大时政问题进行长期关注和跟踪研究,通过细致观察和深入分析,对事物发展的态势做出科学地预测并提出相应的对策建议。协助省委、省政府进行科学决策,为推进云南经济社会发挥重要作用。

为地方的发展服务。云南社会科学院长期以来一直致力于为云南经济社会发展和改革开放服务,结合各地实际,开展应用研究和对策研究,努力为地方各级党、政府当好参谋,为地方经济社会发展服务。同时,本院科研人员长期深入各地州市深入开展研究,对地方经济社会发展有着深刻的理解,具有针对性地为地方发展提供对策研究,多项对策研究被当地政府采纳;通过接受社会委托,完成委托项目以为社会服务,目前开很多州市县(区)的政府、企业等,均委托云南社科院专家学者为其开展项目研究,项目成果被直接纳入当地政府、企业的决策。

新世纪以来,云南社科院接受委托和立项的重要决策咨询服务项目百余项,其中累计完成咨询报告 56 份,本院专家学者公开出版和发表的决策咨询著作约 140 本、论文 137 篇、研究报告 68 份。其中许多咨询报告、社科舆情受到领导层和有关部门的高度关注,共 25 篇获得省委省政府批示,20余篇上报中宣部或被新华社《参考清样》等转载,许多咨询意见和建议得到采纳,直接获得实施。

二、机制创新

1. 不断完善激励机制,体现鼓励创新的科研导向

为进一步落实"造名家、推精品"的建院思路,促进科研人员多出高质量、高品位的学术成果,体现云南社科院鼓励创新的科研导向,2006年制定并颁发了《云南省社会科学院科研激励方案(试行)》。自该科研激励方案出台以来,全院科研工作者工作积极性显著提高,完成了一批又一批具有代表性的高水平成果。近期在院领导的高度重视和大力关心支持下,根据激励机制方案和针对国家社科基金项目奖励办法的有关精神,在原有的方案基础上,加大了对国家社科基金项目立项、结项及高水平的科研成果的激励投入力度,自筹经费完成了对近年来国家级社科基金项目立项、结项激励,同时对国家社科基金结项成果给予经费支持公开出版。

2. 成立科研工作室,促进科研管理体制改革

云南社科院进行科研体制管理,针对以研究所为主体的组织体系、研究体制存在的问题和不足,院党组提出科研管理体制改革目标,即理顺科研管理组织体系,建设符合云南社科院实际的现代科研院所管理体制,构建哲学社会科学的创新体系。制定了《云南省社会科学院科研工作室设置、管理办法》,积极鼓励、推进工作室建设。

工作室以项目为纽带、以加强学科建设为目标,鼓励跨院、跨所整合科研力量,促进新型学科发展。至2010年,本院共成立工作室18个。云南社科院的工作室是适应我国我省经济社会发展需要、符合云南社科院学科建设要求,并由学有专长、科研组织协调能力强的专家学者负责。成立的工作室有的主要挂靠在研究所,有的由院内跨所的专家组成,有的联合了院内外甚至省内外的专家,主要以项目为纽带,整合研究力量,积极开

展本领域内的研究活动,取得了良好的效果。

3. 成立东南亚南亚研究院,为省委、省政府决策充当参谋助手

为扩大对东南亚、南亚开放,加强我省、我国的国际问题研究,繁荣社会科学,云南省政府在云南省社会科学院成立了东南亚、南亚研究的专业性学术机构——云南省东南亚南亚研究院,实行一套人马,两块牌子。为中央、省、地方做了大量的理论研究、应用研究、决策咨询研究,成果丰硕。

三、挂牌成立"云南智库"

在当前繁荣发展哲学社会科学的新形势下,地方社科院如何更好地发挥自身"思想库"、"智囊团"的作用,即如何改革体制、完善机制,创新科研管理,把地方社会科学院建成合格的社会主义新智库,已成为当前地方社科院面临的一个迫切问题。为充分发挥社科院作为思想库和智囊团的作用,实现哲学社会科学为党和政府决策服务、为社会发展服务的目标,云南社科院在 2009 年正式成立"云南智库",云南省省长秦光荣出席并为智库揭牌。"云南智库"的成立,对于充分发挥云南社科院科研优势,整合资源,扩大社会影响力,进一步吸引和聚集人才,提出、承接和研究重大战略性、前瞻性、现实性课题,以专业化智力成果和精神产品,服务于各级党委、政府和社会各界提供了一个重要的平台。

"云南智库"自成立以来,始终坚持正确方向、围绕中心、服务大局、动员云南社科院和院外力量、整合发挥专家优势,坚持"跟得上""贴得紧""用得上",为云南的科学发展、可持续发展献计献策。一是设立了"智库项目"40 余项,研究内容涉及社会发展与边疆和谐稳定、民族文化传承与保护、新农村建设与地方经济发展、民族宗教问题对策、东南亚南亚问题研究、云南对外开放沿边开放、生态环境保护与生态文化建设、面向西南开放的"桥头堡"建设等,这些研究主要围绕云南经济社会发展和当前急需解决的问题

等多方面展开研究,为省委、省政府提供及时有效的决策咨询服务。二是围绕中央把云南建成"中国面向西南开放的桥头堡"的重大战略部署,针对当前桥头堡建设的理论和实践都还在探索中的现实,高度重视"中国面向西南开放桥头堡"研究工作,把桥头堡建设研究作为2010年院工作重要议题,紧扣云南省委白恩培书记提出的"推进桥头堡建设是新时期加快云南经济社会发展的重大举措"八个方面的内容,组织专家研究撰写出版了《桥头堡建设中的云南社会事业》、《桥头堡建设中的云南产业结构调整与发展》、《桥头堡建设中的金融支撑体系》、《桥头堡建设中的云南人居环境》、《桥头堡建设中的云南新型和可再生能源发展》、《桥头堡建设中的云南现代物流体系》、《桥头堡建设中的云南交通能源建设》、《桥头堡建设中的云南基层组织和基层政权》等系列著作,形成了一批理论和应用研究成果,走在桥头堡建设理论研究的前沿,积极为对外开放服务。

学术人才成长与智库建设

重庆市社会科学院

在高水平智库建设中,学术人才成长是最为关键的因素。一个致力于服务地方经济社会发展,具有广泛影响力和品牌知名度的智库,必然要求有一大批专业水平高、科研能力强的学术人才做坚实支撑。重庆社科院紧跟重庆市委、市政府发展思路,力求为重庆市经济社会发展贡献最专业、最前沿的智慧,近年来围绕市委市政府决策打造专业资政智库,构建并实施了一系列以学术人才成长为核心建设高水平智库的政策方案,突出体现在:构建发现人才平台,凸显智库咨政地位;创造人才培养条件,优化智库序列结构;加大人才引进力度,促进智库跨越发展。通过这些措施的实施,我院智库建设取得了跨越式发展,咨政成效卓著,影响力大幅度提升。

一、构建发现人才平台,凸显智库咨政地位

重庆市社科院以将智库建设落脚于不断发现具有扎实学术基础,能够为重庆市经济社会发展和市委市政府决策提供高水平决策建议的学术人才,在具体操作过程中,我院采取了多种方式来发现这类人才。

第一,鼓励申报各类科研项目,打造人才显露的科研平台。一方面,鼓励学术人才积极申报国家级、部委级和重庆市科研课题,另一方面,我院每

年组织开展重庆市重大决策咨询研究课题的策划、选题遴选、招标工作,为院内科研人员搭建参与省部级课题研究的平台,让有水平、有能力的学术人才以这个平台为载体,快速脱颖而出,为重庆市经济社会发展建言献策。2011年上半年,我院科研人员中标了4项国家社会科学基金课题,15个重庆市重大决策咨询课题。

第二,积极参与学术评奖,从社会认可中鉴别人才。我院鼓励和推荐对重庆市经济社会发展具有突出贡献的科研成果积极参与申报国家级和重庆市科研评奖,通过评奖,使得积极参与决策咨询研究的学术人才得到社会承认和决策部门的认可。2011年上半年,我院仅重庆发展研究奖就有48项获奖项目,获得重庆市科技进步奖3项。

第三,借助系列咨政出版物,广泛发掘潜在人才。我院依托主办的《改革》《重庆社会科学》两本在国内有重要影响力的学术杂志,为市委、市政府提供理论服务,另外创办了《决策建议》《领导参阅》《领导决策参考》、《思考与运用》《重庆发展》等出版物,将学术人才的研究成果通过精炼后直接报送市领导和决策部门,为其科学决策提供咨询建议,以此将有实力的科研人才快速发掘出来。仅2011年上半年,我院通过这些出版物报送的决策建议,获得市领导肯定性批示16条。

通过以上几种方式,我院实现了在探索中寻找人才,在实践中发现人才,既给学术人才提供了服务科学决策的平台和机会,又能迅速为我院智库挖掘出一大批优秀的、用得上的学术人才,实现了人才、智库建设的双赢局面,同时也使得我院智库建设在重庆市委市政府的科学决策中的地位愈来愈突出。

二、创造人才培养条件,优化智库序列结构

多年来,我院始终把培养人才战略作为一项重点工作来抓,近年来围

绕智库建设更是将人才培养作为提升我院竞争力的核心工作,努力形成一个由领军人物、学科带头人、科研骨干、青年英才组成的可持续发展的人才序列,建设创新型智库,成就精品智库。

第一,大力支持培训深造,提高科研人员业务和理论水平。每半年派出领导班子成员、中层干部、一般职工参加中央党校学习培训班、全市宣传系统培训班和县处级领导干部政治理论考试等各种培训和考试。为鼓励职工不断提高学历学位层次,增强业务能力,我院制定了《在职攻读硕士、博士学位管理办法》,为学术人才深造解决后顾之忧。

第二,主动创造条件和平台,促进青年职工早日成材。我院加强与市级各部门的联系、沟通,主动配合有关部门开展各项工作,建立起了良好的工作关系,为科研人员开展课题研究营造了良好的外部环境。鼓励科研人员围绕重庆市经济社会热点问题,打破所、室界限,根据科研人员的特长和兴趣,成立特色跟踪研究团队,帮助青年科研人员快速进入咨政研究角色。同时,在已有的激励措施外,大胆地实行编外科级机构和所长助理任命制度,为青年人的健康成长广开方便之门。在我院举行的首次岗位津贴年度考核工作中,一批中青年科研人员表现非常突出,在副研究员的考核中,有数十人获得一档,占副研究员总数的 47.6%。

第三,营造咨政学习氛围,将人才培养渗透于日常工作之中。我院在人才培养中严格贯彻 2011 年"咨政服务提升年"的发展方针,以咨政服务为中心积极打造学习型组织,要求围绕实实在在为重庆市委市政府的决策提供解渴、解扣的咨询服务,努力进行社会科学的方法创新、理论创新、研究体制机制的创新。因而,我院通过不定期召开全院动员大会,解放思想,引领广大科研人员借助长期以来的专业研究和国际的、历史的、地区之间的比较,对重庆经济社会发展中的突出问题、重大难题进行前瞻性思考,提出有分量、有见解的政策性建议和解决问题的思路。以此不断提升科研人员学术水平和咨政能力,切实将研究的焦点和能力提升的中心放在为重庆市领导决策和经济社会发展服务上。

通过多种形式的人才培养措施,我院打造了一批用马克思主义武装、立足重庆、面向世界、学贯中西的应用型科研人才,造就了一批理论功底扎实、勇于开拓创新的学科带头人,培养了一批年富力强、政治和业务素质良好、锐意进取的青年理论骨干,研究成果在同行和决策部门中产生了显著影响,我院智库建设在重庆市已呈现领先趋势。

三、加大人才引进力度,促进智库跨越发展

我院在加大人才培养的同时,也着力引进高层次人才。通过各种手段引进多层次、多领域人才,在注重人员结构布局合理的基础上,对人才匮乏的学科、交叉学科和边缘学科给予重点倾斜和扶植。尤其是通过引进博士、研究员等高学历、高水平学术人才,推进我院智库建设实现跨越式发展。

第一,构建高效人事制度,增强人才引进激励。为加大人才引进力度,将人才引进作为一项常规工作来抓,我院制定了《引进高级人才暂行办法》,规定引进的高级人才一次性奖励3万元,并给予重大课题项目研究经费予以扶持,突出强调了高级人才引进在我院智库建设中的重要地位,对引进的高级人才提供优厚的待遇和条件,在制度上为引进高层次学术人才提供了扎实保障。

第二,始终以智库建设为中心,认真落实留人方针。我院对引进人才坚持"用事业留人、用感情留人、用待遇留人"的方针政策,尽可能地为名人名家、青年才俊创造更好的工作生活条件,千方百计解决科研工作骨干的两地分居问题、子女入学问题、子女就业问题,尽可能地为他们解决后顾之忧。全院上下逐步树立了为智库建设服务、为专家服务的意识,尽可能地

将工作做好、做细，为人才引进提供了扎实的保障措施。

第三，创新人才引进方式，以平台带动整合外部学术人才。我院依托与重庆市人民政府发展研究中心两块牌子、一套班子的便利条件，以"中心"专家库、重庆市重大决策咨询研究课题为平台，充分整合或聘请市内科研机构、高校、政府部门知名决策咨询专家和中青年专家，参与我院的相关研究工作和决策咨询工作，集中力量开展一批具有前瞻性的、重大的、有影响力的项目研究。以此形成松紧有度的咨询团队，为我院智库建设提供了丰富的外脑支持和人才源泉。

近年来，我院紧密围绕重庆市领导决策和经济社会发展实际，贯彻执行"人才兴院、智库兴市"的重要发展战略，积极建设具有广泛影响力的品牌智库，通过制定并实施以上系列人才措施，坚持让学术人才的成长成为我院智库建设的核心竞争力，全面打造学术水平高、科研能力强、在重庆市有重要影响力，在国内国际上有较大品牌知名度的智库团队。通过几年来的不懈努力，我院智库建设取得了突飞猛进的进步，已逐步成为重庆市委市政府"信得过、用得上、离不开"的"思想库"、"智囊团"和"人才库"，为重庆市经济社会发展做出了突出的贡献。

建设一流的城市社科院
打造社会主义新智库

南京市社会科学院

伴随着中国特色社会主义伟大事业全面推进和南京更高水平小康社会建设的迅速发展,南京市社科院以贯彻落实科学发展观为引领,以积极谋划"十二五"为契机,融入中心,服务大局,努力推进哲学社会科学事业的繁荣发展,全力打造社会主义新智库。

一、新智库建设的丰硕成果

(一) 发挥理论优势,积极推动重大理论的学习、研究和宣传

近年来,我们围绕学习贯彻党的十七大精神、和谐社会建设、十七届四中、五中全会精神等主题,举办了一系列研讨会、报告会,编撰出版了"和谐社会与城市现代化"系列丛书,在《南京社会科学》、《学习与传播》等刊物上开辟了相应的专栏。特别是在新一轮解放思想大讨论和深入学习实践科学发展观活动中,针对南京发展实际,开展了大量的课题调研,社科院专家学者在南京地区及省内外做了40多场辅导报告,出版了多期《南京社会科学》专刊,与广播电台、电视台等新闻媒体合作开展了一系列专题栏目,为全市重大理论学习活动开展推波助澜。发挥《南京社会科学》杂志的理论优势,积极建设杂志的品牌阵地,2010年第一期暨创刊二十周年纪念专刊

在国内学术界引起了较大反响,上年度转载量在副省级城市社科院、社科联主办的期刊中排名继续保持在第 1 位,转载率在全国社科院、社科联主办的期刊中排名由上年度的第 16 位提升至第 12 位。

(二)积极开展重大课题研究,为市委市政府科学决策提供智力支持

始终把科研咨政摆在重中之重的位置,立足南京、服务南京,大力开展战略性、前瞻性、应用性重大课题研究。特别是实施了市领导命题研究制度,增强了研究的针对性,每年仅市委市政府主要领导直接下达的研究课题就有 10 多项,牵头完成了《佛顶骨舍利综合论证报告》,参与了青奥会申办论证及申办报告的起草,还完成了许多市委、市政府等主要领导临时交办的课题任务。每年出版《南京经济社会发展蓝皮书》,在"两会"期间发放给每名代表,还办有《专家直言》、《理论内参》、《民意专报》等内刊,为领导决策提供参考。研究工作还开始向区县和部门延伸,服务市、区(县)和部门的科研任务量越来越大。2009 年,我们还通过在全国范围内竞标,拿到了云南昆明十二五规划相关课题,2010 年在竞标中又拿到了江苏盐城开发区的规划课题,学术竞争力有了质的飞跃。在南京市"十二五"规划的编制工作中,承担了"十二五"南京文化发展规划、基本公共文化服务体系规划、服务外包发展规划、文物事业发展规划等专项规划的编制工作,并为全市"十二五"工业规划、房地产规划等提出了大量有益的建议。

(三)精心组织重大学术活动,为南京全面发展凝聚智慧和力量

为了推动学术繁荣,服务发展、服务决策,每年都组织举办一系列学术活动,研究探讨南京发展中重大理论和实践问题。近年来,先后以"经济发展方式转变与南京经济发展"、"保增长促转型与南京跨越发展"等为主题,连续举办了 10 届南京发展高层论坛;针对长三角区域发展,与镇江、扬州联合举办了 3 届"宁镇扬板块发展论坛",组织了"长三角中的南京"等高层论坛;组织举办了全球城市竞争力论坛、政府新闻学会论坛等一系列重大国际、国内学术活动。南京名城会期间，具体承担完成了市长论坛的策划组织工作。受市文明委委托，开展了两个月一次的南京市公共文明指数测评，协助推进文明城市创建工作。还围绕经济发展中的一些热点问题，组织了"南京建设资源节约型城市研讨会"、"直航与南京发展新机遇主题论坛"等学术活动。国际金融危机爆发后，举办和参办了"美国金融危机及其对中国影响"、"全球金融危机与中国策略"、"转型升级发展创新型经济——后危机时期的选择"等大型论坛。罗伯特·蒙代尔、威廉·恩道尔、陈光炎、洪银兴、裴长洪等国内外著名专家学者，国务院研究室和有关部委，以及南京市主要领导等多次应邀出席。

(四) 深入开展科普工作，提升市民素质和城市形象

近年来，我们把科普工作作为一个新的增长点，特别是 2005 年向市里争取到科普专项经费后，围绕构建和谐社会目标，弘扬科学精神，传播先进理念，通过抓亮点、创品牌，工作不断创新，领域不断拓宽。协助市委宣传部连续 7 年举办了 150 多场"市民学堂"大型讲座，创办了国内少有的社科普及刊物《学习与传播》，组建了江苏省第一个社科普及讲师团，先后在建邺区沙洲街道、南外仙林分校、金陵图书馆等地建起了科普基地，开展了形式多样的宣传普及活动。编辑出版了《知公民文明，做文明公民》、《社科知识与百姓生活》等系列科普丛书。在 2009 年南京新颁发的《南京市科学技术普及条例》中，首次明确了我们在社科普及工作中的管理职能。近年来，我们的科普工作多次得到省、市政府表彰，多次在全国科普工作会议上介绍经验。为了让市民更全面客观地认识和了解南京，组织编写了《重读南京学习专辑》，配合市委宣传部在全市开展了《重读南京》百题知识竞赛，还在南京电视台进行了现场知识比赛。

(五) 大力加强机关自身建设，为科学发展奠定了良好的基础。按照内强素质、外塑形象、构建和谐、促进发展的指导思想，大力加强基础建设。

先后引进了近 20 名科研和管理人员,外聘了 70 多名特约研究员,40 名在职干部全部是本科以上学历,研究生以上学历人员 26 名,其中,博士和在读博士 16 名,博士后出站 2 名。20 名研究人员中,有 18 人具有高级职称。有享受国务院特殊津贴专家、省突出贡献专家 1 名,省"333 工程"人才 3 名,南京有突出贡献中青年专家 2 名、中青年拔尖人才 1 名,市宣传系统"五个一批"人才培养对象 5 名,还有 6 名同志当选市、区的人大常委、政协委员、人大代表。加强了研究机构建设,联合南京大学、东南大学成立了中国(南京)城市发展战略研究院,与上海国际问题研究院联合成立了"长三角国际经济文化研究中心",与区县和有关部门联合成立了河西新城发展战略研究院、国际和平研究所、南京市非物质文化遗产保护研究所、江宁人口与发展研究中心、江宁财政管理创新研究基地、社会管理创新研究中心等研究机构,南京市民意调查中心成立后日常机构也在社科院。目前,我们还在参与筹备成立南京市青奥研究中心。主办的《南京社会科学》杂志已成为全国知名社科理论刊物,近年来在国内省内的期刊中排名不断上移。为加强对外交流,每年都组织安排人员到兄弟城市社科联、社科院进行考察调研,组团到韩国、日本、中国台湾地区等进行学术交流,安排了 4 名宣传系统"五个一批"人才和 1 名中青年骨干到美国进行学习访问。

二、新智库建设的未来构想

当今世界正处在大发展大变革大调整时期,世界多极化、经济全球化深入发展,给我国发展带来新的机遇和挑战。经过 60 年特别是改革开放以来的发展,我国哲学社会科学事业也站在了一个新的历史起点上,正面临着极为有利的条件。今后我们的工作思路和奋斗目标是:全面贯彻落实科学发展观,紧紧围绕南京发展大局,坚持改革创新,发挥资源优势,突出抓好理论研究、决策咨询、宣传普及、团结各界的工作,努力探索新形势下哲学社会科学事业发展的新特点新变化,进一步建立起符合哲学社会科学发展规律的工作体制和运行机制,积极推进学术科研的国际化、精品化、系列化,社科宣传的法制化、大众化、市场化,社团服务的规范化、优质化、精细化,努力打造一流的理论成果、一流的咨政水平、一流的社团机构、一流的科普力量、一流的交流平台、一流的人才队伍、一流的社科品牌、一流的联院机关,把南京市社科院建设成全国一流的城市社科院、优秀的党政思想库。

(一) 以推进马克思主义的中国化、时代化、大众化为引领,继续深入学习实践科学发展观

马克思主义中国化最新成果是中国共产党最可宝贵的政治和精神财富,哲学社会科学要把深入研究阐释马克思主义中国化最新成果作为首要任务。深入研究中国特色社会主义理论体系的历史地位和指导意义,宣传阐释中国特色社会主义理论体系的新思想新观点新论断;尤其要深入研究科学发展观的历史地位、科学内涵、精神实质和根本要求,把广大干部群众的发展积极性引导到科学发展上来,让党的理论创新成果走向基层、走进群众,不断推进马克思主义中国化、时代化、大众化,更好地用科学理论武装头脑、指导实践、推动工作。

(二) 以服务党政决策为主攻方向,切实发挥好党委政府的思想库、智囊团作用

始终坚持把服务党政决策作为学术科研的主攻方向,围绕全市发展大局,加强前瞻性、应用性重大课题研究,为市委、市政府科学决策、破解难题贡献智慧和力量。不断完善科研工作的运作机制,进一步拓宽服务的宽度,将研究向区县、部门延伸,向街道、农村延伸;进一步增加研究的深度,在实施市领导命题研究的基础上,更加贴近中心、贴近实践,注重前瞻性、战略性;进一步扩大联系的广度,不断完善特约研究员等制度,吸收各界人员参与学术科研工作,真正形成全方位的"人才智库";进一步提高成果的精度,大力培养重点学科、优势学科,不断出精品、出力作;进一步提升科研品牌的知名度,扩大机构品牌、论坛品牌、刊物品牌、学科品牌、课题品牌、名人品牌的影响。要不断加强研究机构建设,进一步拓展对外合作的空间,加强对外合作的院、所、基地、中心的建设,建立起精良规范的合作机制,充分发挥其应用的功能。要不断推进成果的转化工作,认真组织好社科决策咨询成果的评奖、重大科研成果发布、南京经济形势分析会、南京发展蓝皮书出版等工作,建立更多的社科研究成果转化的载体、平台,提高学术科研工作的效益。

(三)以构建和谐社会为目标,努力把社科普及工作向纵深推进

把宣传社会主义核心价值观摆在首要位置,大力宣扬马克思主义指导思想、中国特色社会主义共同理想,弘扬民族精神、时代精神。立足社会关切、关注百姓民生、服务城市发展,积极传播符合时代趋势、符合人民利益、符合城市未来发展的先进理念,正确回答干部群众关心的热点、难点、疑点问题,帮助广大干部群众提高认识和解决问题的能力。强化管理职能,加强对社会科学知识普及工作的组织和指导,扶持科学作品创作,更大范围内动员社会广大力量参与科普工作。加强科普专门人才队伍建设,把南京地区更多的优秀社科人才吸收进科普工作队伍,逐渐培养起一批科普骨干人才。加强阵地建设,拓宽合作空间,建立以社团机构、各类院校、科研单位和大众传媒为主体的社科普及工作协作格局。丰富科普工作的载体和形式,做好科普刊物和科普丛书的编辑出版,不断推出更多更优秀的科普作品。组织好科普月、科普周、科普日活动,借助报刊、电台、电视台、影视、互联网等大众媒体,提高科普工作的趣味性和有效性。加大科普工作经费投入,建立激励机制,鼓励社会各界捐助社科普及工作。

（四）以平台建设为抓手，充分发挥社科界整体作用

发挥社科院、社科联合署办公的优势，强化院联的职能意识，转变工作思路，加强广大社科力量的动员和组织，走大联合的工作格局，把南京蕴藏的强大社科力量激发出来，形成一个万马奔腾、千军奋进的生动局面。在工作中大力加强平台的打造，通过大范围的整合研究力量，开展重大课题研究合作等形式，打造社科研究的平台；通过组织学术年会、"南京发展"高层论坛、"长三角中的南京"国际论坛等活动，打造学术活动的平台；通过组织社科工作者出宁、出省、出国学习调研、考察访问等活动，打造对外交流的平台；通过办好《南京社会科学》、《资政专报》、《理论内参》、《民意专报》、《学习与传播》、《南京社科信息》等期刊和南京社科网，打造舆论阵地的平台；通过举办社科界的联欢联谊活动，打造交流联谊的平台。通过这些平台建设，让社科界联系更加紧密，力量更加强大。

（五）以南京地区丰富的科教资源为依托，进一步壮大社科人才队伍

出人才是市委、市政府对我们提出的重要要求，也是新智库建设的重要基础。南京是一个科教大市，有培养一流社科人才队伍的基础和潜力。我们将努力扩大队伍总量，提升队伍质量，培养出一批南京自己的优秀社科人才。加强与有关部门协调，争取成立城市传播研究所和政治法律研究所，增加人员编制。研究实施社科院人才培养工程，积极参与省、市有突出贡献中青年专家、宣传系统"五个一批"人才的培养，加大人才扶持力度，加快优秀尖子骨干人才的培养步伐。

案　例　篇

发挥咨政建言作用，为地方经济发展提供理论服务

——日本沿海经济开发经验借鉴的调研

辽宁省社会科学院

2006 年 1 月，辽宁省推出"五点一线"沿海经济带开发战略，即以沿黄海、渤海的五个重点发展区域和一条贯通全省海岸线的滨海公路建设为核心的对外开发开放战略。从国内外沿海地区发展的经验来看，辽宁沿海经济带具有得天独厚的区位地缘优势，一方面是东北地区唯一的海上通道，毗邻环黄海和渤海，与朝鲜、韩国、日本隔海、隔江相望；另一方面陆路与俄罗斯、蒙古国相连，是欧亚地区通往太平洋的重要"大陆桥"之一。这无疑将会受到国内外投资者的格外关注，因此，国外主要媒体都对"五点一线"开发战略相继进行了相关问题的报道。为了进一步向国外宣传推介辽宁省的"五点一线"开发战略，省委省政府组成了以省里主要领导为首的代表团先后前往多个国家和地区开展宣传、推介和招商引资活动。

为了配合这项重要工作，辽宁省社会科学院部分学者组成课题组以"东北亚及环太平洋地区对'五点一线'发展战略的反馈和对策"为题目开展了一系列的调研和访谈活动。首先，课题组做出了一个详细的短平快的调研计划：第一阶段，资料搜集；第二阶段，专家访谈；第三阶段，撰写报告。紧随其后，课题组以最快的速度搜集资料，其中，以日本、韩国沿海经济开发的案例为主，日本有"太平洋沿岸经济带"国土开发计划，韩国有"南东沿

岸工业地带"开发战略,等等;以与外国专家和学者访谈的形式听取他们的意见和建议,课题组主要与外国驻沈阳领事馆、外国驻沈商会等机构的官员、专家和学者座谈,等等。经过查阅资料和整理座谈所得到的收获,课题组撰写了近10篇调研报告,分别递交省委省政府和沈阳市委市政府有关部门,以及新华社辽宁分社等。其中,两篇报告得到时任省委书记李克强同志肯定性的重要批示;《日本"太平洋沿岸经济带"开发经济值得借鉴》等报告刊发在省委省政府《信息参考》、《情况报告》、新华社内刊等刊物上,或以专报文件等形式上报有关领导参阅。我们的调研报告被刊发7篇,得到省市领导批示5项。课题组最终调研总报告被辽宁省委宣传部评定为"2007年东北老工业基地振兴理论与实践研讨会"征文二等奖。

以下是我们针对日本经验进行的一项调研,调研报告的主要内容摘录如下。

日本:"太平洋沿岸经济带"对"五点一线"
开发战略的经验借鉴

一、日本方面对"五点一线"战略的认识和评价

2006年1月,我省推出"五点一线"开发战略以来,日本政府有关方面十分关注,并把"五点一线"列入中国东北经济动态向日本商界介绍。据日本驻沈领事馆的一些官员和学者反映,日本对"五点一线"开发战略的认识和评价是:

1."五点一线"开发战略实际上包括两个方面:一是"点"和"面"相结合开发战略。与以往的开发战略相比较,更强调点和面的结合开发,从战略设计上看很有创新性。二是它不同于以往的开发战略,"五点一线"不是在已有一定发展基础的地区搞开发,而是在全新的荒芜

地区搞开发建设,规划设计宏大壮观,具有创举性。

2. 类似"五点一线"开发战略,日本也有先例。他们对这个发展战略十分关注,也坚信辽宁省会由此步入全面振兴。

3. 日本国内对"五点一线"这个词还比较陌生。首先,日本的舆论界基本上对"五点一线"开发战略没有系统介绍,在日本人每天浏览的主要网络媒体(日文)雅虎上搜索,几乎没有介绍"五点一线"的相关内容,只有中国网站上有一些相关信息。日本国内对东北振兴战略比较熟知,但对"五点一线"战略不太了解。造成这个现象的主要原因有:一是绝大多数日本人对中国政府的振兴东北战略与我省"五点一线"战略之间的关系缺乏了解;二是宣传力度还不够。"五点一线"开发战略提出的时间较短,除了日本政府有关部门和部分企业参与外,还没有得到日本舆论界和理论界的支持和参与。三是在命名上,日本人不太习惯用数字表示某项战略。日本人比较容易理解中国的一些以地名命名的开发区,如无锡工业区、天津开发区、深圳开发区、苏州开发区等,从命名上就可以知道开发区的地理位置和区位特点。

二、日本方面提出的问题和建议

日本方面的官员和学者提出,在一个区域内进行这么大规模的开发建设,在日本的发展历史上也是罕见的,因此,日本舆论界存在一些质疑。我们针对日本的一些质疑,先看看日本国内在沿海经济区域开发等方面的做法:

1. 产业布局问题。日本在制定计划建设开发区战略时,事先要对产业发展做出周密设计,以避免产业布局形成国内外竞争和同区域内的自身竞争。避免重复开发、过度开发。在开发的同时,注意与其它地区的联系和协作,明确这一战略是否是兼顾整体的开发计划,是否有明晰的、宏观的产业布局。以日本的大阪地区为例,他们在制定规划方案中,对各个产业的布局用不同的颜色标出,并且标示出了各产业的开发比重。

2. 政府的宏观指导作用。日本在区域开发战略中,更强调政府的宏观指导作用。其主要特征是:政府以强有力的计划,并辅以有效的经济手段引导企业的投资方向,最终实现政府期望达到的中长期和短期目标。比如,政府的政策指导是以制定经济计划的方式出现的,如,经济企划厅的中长期经济计划和年度经济计划目标;国土开发及地区开发计划;通产省的产业结构设想;社会资本设备计划;财政投资信贷计划以及各项专项计划等。

日本在实施重大开发战略时,要求政府各部门合作和携手工作,避免部门间的利益纷争导致开发战略受到影响。这方面,日方的官员和学者建议我省在实施过程中也要注意这个问题,要明确各有关单位之间的关系,即明确合作或权责分担关系,调整好各部门间的合作,为实现"五点一线"的整体发展目标服务。

3. "五点一线"与我省其他城市和开发区的发展关系问题。如此重大战略的实施,周边其他城市应该有发挥作用的机会和地位。应在战略中进一步明确各个城市的地位和关系。

三、日本经济发展过程中的经验借鉴

我省的"五点一线"开发战略,从地理特点看,与日本1962年开始实施的第一个国土开发计划——"太平洋沿岸经济带"(也是围绕五个点和东京至北九州的一条线)开发战略相似,这是日本在"二战"之后提出的第一个国土开发计划。与我省的"五点一线"开发战略相比较,两者都包括一个半岛(辽宁是辽东半岛,日本是纪伊半岛)和一个滨海工业带的开发,并且两个发展战略都是强调"点"和"线"相结合的开发。线的长度也差不多,"五点一线"的线长是1 443千米,而日本"太平洋沿岸经济带"的线是从东京到北九州,开发长度也有近一千公里。目前,日本这个经济开发带包括"阪神工业带",即丰田汽车工业带(名古屋)为首的工业开发群带。从两个开发带区域的城市布局上看,也大体相似,名古屋相当于丹东,大阪相当于锦州,京都相当于沈阳,大连相当于当时日本纪伊半岛上的一个滨海小渔村。当时日本政府的考虑是通过这个海滨工业带开发和带动,形成日本的发展期,因而首先进行了工业开发。但当时围绕日本工业区的开发,也涉及了很多方方面面的方法问题,最终采用了围绕"点"开发和太平洋沿岸经济带"面"的开发。正是这个工业带经过 8 年的开发,奠定了日后日本东部太平洋沿岸发达的交通、产业和技术力量及在日本未来发展中的重要地位。日本以后实行的几个"七年计划",都是在此基础上发展,形成了现在的包括四个工业区和一个县,再加上东京到北九州一线贯通的经济布局,刚好与辽宁的"五点一线"开发战略的布局相似。日本方面的专家和学者提出,除了"太平洋沿岸经济带"开发战略之外,我省还可以借鉴日本其他发展经验,如日本濑户内海开发经验等,都是点与面相结合的开发,对我省均有参考价值。

四、我们的几点建议

1. 进一步加大对外宣传"五点一线"开发战略的力度。按照国际惯例,印制有关"五点一线"的宣传画册。制作和印制一些通俗易懂、便于携带的关于"五点一线"宏观方案且图文并茂的宣传册,主要针对该战略的整体规划,特定的投资项目指南,以方便外方投资者总体认识"五点一线"规划。在这方面,上海和香港的对外宣传做得比较好,应充分借鉴。同时,建立辽宁"五点一线"战略专门的、多语言的宣传网站,充分利用已有的宣传渠道,如国外的媒体、驻中国领事馆的网站等,全面对外宣传。

2. 加强对"五点一线"开发项目中环保问题的重视。以科学可持续发展、科学发展为目标,创建绿色工业开发区。日本继第一个国土开发计划后的开发规划中,基本上不再以大开发为主,更多的是以环保、缩小贫富差距为主要议题,以和谐稳定为目标。这里有许多值得借鉴的经验。

3. 保持信息渠道畅通。在实施开发的过程中,正面和负面的信息均要及时准确传递给国际投资商和开发商,这样有利于投资商做出及时的应对调整措施,避免不必要的人为损失。

4. 尽量量化"五点一线"战略目标体系和终极目标,让投资者对产业设计、发展规模一目了然。无论是要建一个工业城市,一个崭新的城市发展建设规划,还是一个制造业基地,第三产业是否被考虑在内,均要明确。我们与日本方面的官员和学者座谈时,他们首先提出了"五点一线"开发规划中第三产业设计问题。因此,我省对"五点一线"的开发项目要有详尽的规划。

5. 加强投资软环境建设。日本方面的官员和学者认为,除利益因素之外,日资企业投资时更加注重诸如生活环境、生活成本、交通便利程度和教育等综合性因素。以接待为例,应成立具体的办事、接待机构,负责处理如接机、考察日程、住宿安排等服务工作。这方面上海做得比较好,一些经验值得学习和借鉴。

上述这份调研报告,得到省里主要领导的充分重视,特别是宣传工作、经验借鉴、多方建议等内容,把问题直接摆到了领导的桌面上。省领导认为,日本制定沿海经济带开发计划的过程中,政府各部门之间、政府与企业之间分工合作、协调配合、统筹兼顾等办法值得采纳。全省在进一步落实此项开发战略的最初阶段,宣传工作更加严谨细致,加强了各部门之间的协调配合工作,省政府团组出访日本等国时,特别有针对性地对日本通产省,以及国土开发与规划部门、企划经济厅等机构之间的规划与合作情况进行考察。

一、深入座谈,弥补宣传工作上的不足

通过与日本等国家的官员、专家和学者的讨论和学习,我们对已经开展的对外宣传情况有了一个比较清楚的了解,看到了我们本身存在的问题。第一,宣传力度不够;第二,工作方式单一;第三,不够国际化和现代化。针对这一问题,省委省政府有关部门加大了工作力度,专门设立了"五点一线"网站,比较详尽地宣传介绍"五点一线"开发战略的规划、方案以及工作进度等等,有责任部门地址、联系电话等;省里主要报刊陆续开始整版篇幅介绍各个专业开发区域的规划和建设情况;出国团组更加重视对外宣传和对外推介工作的效果,拿出针对性强、一目了然的宣传材料向外发放,洽谈业务更加行之有效。

二、经验借鉴,合理规划,走科学发展道路

我们与日方讨论的日本"太平洋沿岸经济带"开发战略始于 20 世纪 60 年代,尽管该规划至今已近半个世纪,但是日本推行该规划时对此项目的周密设计、详尽考量,特别是开展此项工作时各个部门之间的协调配合、统筹规划、远谋近虑而细致的工作态度和工作程序是值得我们借鉴和学习的。第一,可以避免由于统筹考虑不周而造成的重复建设、过度开发等浪费;第二,可以避免产业分布不合理造成的资源浪费、成本加大、恶性竞争等;第三,强调政府宏观指导作用的重要性。政府以强有力的计划,并辅以有效的经济手段引导企业的投资方向,最终实现政府期望达到的中长期和短期目标。各个部门之间协调配合避免利益纷争,决策公开等,以及让企

业对政府高度信任等行之有效的举措方面。

三、多方建议，宏图之至

日本"太平洋沿岸经济带"开发经验，对我省"五点一线"开发战略具有一定的借鉴意义。我们针对日本方面的建议和我们的一些想法汇总了一些可供参考的内容提供省领导参阅。我们的这项调研报告真正起到了为政府咨询服务的作用，并收到了比较好的咨政建言的效果。

案例评析

1. 应该说，我国经过 30 多年的改革开放之路，有了许多开发建设的成功经验，但也有不少不成功的范例和失败的教训，我们在总结经验吸取教训的过程中，是否能够在新的发展道路上避免走弯路，不受既得利益的诱惑，用长远和发展的眼光规划我们的未来发展方向，这是我们最应该考虑的内容。

2. 我们从与国外的专家和学者座谈中受到最大的启发是，在经济建设和发展的进程中，我们的眼光有多远，我们的未来之路就有多远。就是说，我们是要建成一架纵横八方的高架桥，还是独来独往的独木桥，是要建成跨世纪让世人受益的经济区，还是三年五载再拆迁的短命楼，这是政府宏图之至、造福百姓的重要责任。只有用科学发展的方法来制定规划才是实现我国经济腾飞、造福人类、和谐稳定、长治久安目标的保证。

以战略思维发挥智库作用的成功探索

——黑龙江省社科院"省级发展战略研究"课题研究述评

黑龙江省社会科学院

2010年,由黑龙江省社会科学院院长曲伟牵头承担的"黑龙江省级发展战略研究"课题系统分析了黑龙江省在中国的战略地位,科学设计了黑龙江省"十二五"其间的发展目标,客观提出了需要黑龙江省和国家解决的主要问题,受到省委主要领导同志高度评价。2010年11月,中共黑龙江省委经济工作会议提出的"十二五"规划建议采纳了课题组提出的"实现地区生产总值和地方财政收入'双倍增'的发展目标"等建议。

"黑龙江省级发展战略研究"项目科学地回答了黑龙江省级发展战略的地位与发展需求、黑龙江省情的基本特征和主要问题、黑龙江省发展战略的现实基础与外部经验、黑龙江省发展战略的基本框架、黑龙江省创新发展战略的支撑措施、对中央政府、黑龙江省和国际组织的建议,充分展示了黑龙江省社科界的智慧,成为黑龙江省社会科学服务经济社会发展、发挥智囊团思想库作用的成功探索。

1. 系统地界定了黑龙江省级发展战略的地位与发展需求。黑龙江独特的地理位置、丰富的战略资源以及较强的经济基础形成了其特殊重要的战略地位。一是黑龙江省在维护国家安全中的战略地位不可或缺,边境线长2 981公里,约占全国陆地边境线的1/7。二是黑龙江省在维护民族团结中的战略地位不可或缺。黑龙江省有众多少数民族,人口近 200 万,占全省总人口的 5. 26％。三是黑龙江省在全国资源与能源中的战略地位不可或缺。黑龙江省国土资源总面积 45. 4 万平方公里;占全国的 1/21,排在新疆、西藏、内蒙古、青海、四川之后,位居全国第六。四是黑龙江省在全国生态安全中的战略地位不可或缺。黑龙江省森林蓄积量 15. 2 亿公顷,占全国 11. 1％;湿地面积 431 万公顷,占全国湿地总面积 11. 2％;草原面积 433 万公顷,不仅是东北地区,也是半个中国的生态屏障。五是黑龙江省在国内区域合作中的战略地位不可或缺。黑龙江省是中国"东北的东北",实施东北振兴战略中应列为重中之重。未来发展要成为"国家战略资源保障基地",这样的定位决定了黑龙江省在全国"南北互动"中的突出地位。六是黑龙江省在国际区域合作中的战略地位不可或缺。黑龙江省早在 100 多年前就建成了连接西伯利亚大铁路通往欧洲的我国第一条千里铁路大通道,打开了黑龙江省由松花江进入黑龙江下游经鞑靼海峡通往世界的江海联运通道,逐步形成了沿边、沿江、沿桥(亚欧大陆桥)和沿线向国际、国内拓展的全方位、多层次、宽领域的对外开放格局。"十二五"期间黑龙江省"双倍增"的发展目标能否实现将关系到:(1)我国对俄罗斯开放合作的吸引力;(2)振兴东北战略的成效;(3)中央兴边富民、保障国家"五大安全"战略的落实;(4)全省贯彻中央援藏支疆加快发展决策的实施;(5)全省在全国经济格局中的地位。

2. 科学地回答了黑龙江省情的基本特征表现和主要问题。按照党的"十七大"提出的"工业化、信息化、城镇化、市场化、国际化"五项标准来衡量,黑龙江省的经济基础还比较薄弱,五项标准有一个较高、四个较低。"一个较高",即城镇化水平较高。"四个较低":一是黑龙江省的工业化水平较低;二是黑龙江的信息化水平较低;三是黑龙江省的市场化水平较低;四是黑龙江省的国际化水平较低。黑龙江省经济的基本特征具有三种典型形态:自然特征是"绿洲农业经济";产业特征是"资源输出型经济";体制特征是"国有央企主导型经济"。黑龙江省经济发展的主要问题根本上是体制制度束缚:(1)制度问题表现在体制没有理顺,主要是民营经济发展滞后;(2)人才流失问题严重的根本,在于高级人才待遇偏低;(3)金融机构发展明显不足,贷款增长低于经济需要;(4)地方财政支出水平不高,收入占比 GDP 比重偏低;(5)交通等基础设施不足,发展提速建设相对滞后;(6)过度依赖资源的增长,增加生态环境压力;(7)人均收入水平过低,内需消费动力不足。

3. 准确地阐述了黑龙江省级发展的现实基础与外部经验。长期以来,黑龙江省的发展战略和政策导向一直没有摆脱能源和矿产资源开发的束缚。现有的资源主导型经济、央企主导型经济特征以及其他诸多问题是多年实施资源开发型战略的结果表现。(1)单纯的资源主导型经济可能成为短期经济;(2)单纯的资源主导型经济可能成为贡献经济;(3)单纯的资源主导型经济可能成为惰性经济;(4)单纯的资源主导型经济可能成为污染经济;(5)单纯的资源主导型经济可能成为低就业经济;(6)单纯的资源主导型经济可能成为僵化型经济。综合地看,资源丰富容易形成"资源陷阱"、"僵化体制"、"市场不足"、"技术不高"、"就业困难"。形成贫穷经济、衰退经济、夕阳经济。全国多数先期开发资源地区程度不同地出现资源衰退乃至枯竭。国外资源型城市(地区)掉进"资源陷阱"的也不乏其例。在黑龙江省创新发展战略中,应该充分吸取国外教训,并从总结本省以往特别是推进"八大经济区"发展战略的经验中,深刻反思,取长补短,扬长避短,创新完善。黑龙江省相比全国不同的发展状态是:(1)全国经济发展过热而黑龙江省经济偏冷;(2)全国外贸依存度偏高而黑龙江省过低;(3)全国投资规模过大而黑龙江省过小;(4)全国人均 GDP 高省区富而黑龙江省不富;(5)全国资源加工大于自产而黑龙江省小于自产;(6)全国物价上扬应严控而黑龙江省则需适度控制;(7)全国确保节能减排而黑龙江省应走在前列;(8)全国金融机构贷存比较大而黑龙江省过小。外部经验中有六个值得借鉴:实施跨越发展战略有大批成功案例值得重视;依靠科技创新实现跨越发展的"北欧模式"值得重视;依靠农业强国强省实现跨越发展经验值得重视;大开放、大投资带动跨越发展的经验值得重视;实施资源加工转换带动跨越发展经验值得重视;支持中小企业推动发展的经验值得重视。

4. 明确地构建了黑龙江省创新发展战略的总体目标和基本框架。黑龙江省近期发展目标是:建设繁荣、稳定、富裕的黑龙江;使黑龙江省成为中国沿边开放的"桥头堡"、"枢纽站"。深化改革,扩大开放,承接沿海内地发达省市和国际新一轮产业的转移,确立以"八大经济区"、"十大工程"为主体的追赶跨越发展战略,实施新兴战略产业振兴规划、中小企业发展规划,高新技术产业提速规划,推进农业兴省、工业强省、服务富省,把黑龙江省建成中国东北地区发达、富裕的省份。"十二五"期间应力争实现生产总值、财政收入双倍增,分别由"十一五"末期的1万亿元、1 000亿元左右提升到2万亿元、2 000亿元以上。

黑龙江省远景目标定位是:将黑龙江省在中国31个省区市中的经济综合竞争力由中游偏下提升到中游偏上,使黑龙江省成为中国经济发达、市场繁荣、人民富裕、生态优良、社会和谐的先进省区,成为中国东北乃至东北亚地区重要的经济中心、金融中心、商贸中心、文化交流中心和观光旅游中心。为实现上述目标,黑龙江省经济需要坚持科学发展、跨越发展的主题,突出调整经济结构、转变发展方式的主线,不断丰富、完善、创新符合省情实际的发展战略,实现更好更快更大发展。研判黑龙江省现有的资源、基础和区位状况,以及经济特征和存在的问题,黑龙江省必须坚持立足自身,争取借助外力,抢抓六大发展实现上述目标,黑龙江省经济需要坚持科学发展、跨越发展的主题,突出调整经济结构、转变发展方式的主线,不断丰富、完善、创新符合省情实际的发展战略,实现更好更快更大发展。研判黑龙江省现有的资源、基础和区位状况,以及经济战略机遇,借鉴国内国外发展战略的经验得失,明晰三大发展战略定位,提升三个国家发展战略,实施六大发展战略的"五位一体"的总体发展战略框架。

5. 全面地提出了黑龙江省创新发展战略的支撑和保障措施。(1)大力提高新兴战略产业支撑能力。大力发展新兴产业,构建接续替代产业,打造支柱产业,提高新兴战略产业、接续替代等支柱产业占 GDP 的比重。突出打造六大支柱产业,形成产值或增加值过万亿元的新兴战略产业支撑。(2)提升中小企业非公经济支撑能力。"十二五"期间,黑龙江省应大力发展中小企业和非公经济产业集群,力争其增加值增幅高于国有经济增幅两个百分点以上,占全省 GDP 比重由不足 50% 提高到 55% 以上,绝对值由"十一五"期末的近 5 000 亿元增加到 1.1 万亿元左右。为此,需要实施合作、整合、低碳、差异、资金等五个战略。(3)大力提升财政支撑能力。适当调整黑龙江省财税分配体制,增加黑龙江省的财政保障能力;建立稳定的生态环境补偿机制,增加黑龙江省的环境保障能力;调整完善财政转移支付体制,增强黑龙江省的基本保障能力;改革财政转移支付的基数计算方法,增加黑龙江省的公共保障能力;大力打造财源培育建设的规划,增强黑龙江省财政支撑能力。(4)全面提升金融支撑保障能力。最重要的是,要求中央政府赋予黑龙江省特殊的金融政策,规定在黑龙江省的金融机构贷款占存款的比例原则上不得低于全国平均水平,以此保证金融机构在黑龙江省吸纳的存款原则上一定要花在黑龙江省。保证"十二五"期间,黑龙江省在原有基础上每年可以新增贷款 2 000 亿元以上。(5)吸引私营资金参与城市基础建设。需要采取积极的政策导向,吸引私营资本参与公私合作;与国际金融机构合作,开发公私合作试点项目;出台《促进城市供水与污水处理公私合作的实施细则》,确保政府与私有经济合作渠道的畅通;政府倡导成立专门的培训机构,或委托大学开设相应的课程培养专门人才;出台一个基于供水水质安全性与处理水质达标率的弹性税收政策;实施支持私人资本参与基础设施运行方面的信贷政策。(6)加强铁路交通等基础设施建设谋划打造黑龙江省铁路建设"两横、五纵、四高"的新格局。"两横":即齐齐哈尔至绥芬河约1 000公里铁路、漠河至抚远约1 500公里新建铁路;"五纵":即齐齐哈尔至漠河、哈尔滨至黑河、哈尔滨至抚远、牡丹江至佳木斯、抚远至绥芬河;"四高":即齐齐哈尔至绥芬河全程高速、哈尔滨至抚远高速、牡丹江至佳木斯高速、哈尔滨至黑河高速。特别是尽快将绥(芬河)满(洲里)铁路要打造成城际高速、重载列车和电气化铁路,使这条百年千里铁路焕发新的生机;加快建设哈尔滨至佳木斯、抚远和哈尔滨至五大连池、黑河城际高速铁路,启动建设沿边"两江"(黑龙江、乌苏里江)铁路,促进黑龙江省铁路建设再创辉煌,带动黑龙江省经济跨越发展。

6. 鲜明地设计了对中央政府、黑龙江省和国际组织的建议

对中央政府的建议:(1)支持黑龙江省打造沿边开放开发经济带提升为国家战略,从落实在黑龙江省金融机构存款贷款原则不出省、增加国家财政对黑龙江省的转移支付和建立超百亿美元的基金支持黑龙江省实施"走出去"战略,加快打造对俄罗斯的石油、木材、矿产、粮食等战略资源的开采、储备、加工等"三大平台",发挥"我国沿边开放'桥头堡'和'枢纽站'"两大作用。(2)支持黑龙江省建立边境经济特区,扩大黑龙江省沿边对外开放。(3)增设外国驻黑龙江省领事馆,扩大黑龙江省对外交流空间。(4)实行更加灵活的资源政策,打破高度集中的资源管理格局。(5)大庆油田、中央企业应更好地为黑龙江省发展服务。增加固定资产投资、增加资源就地加工、供应能源、环境保护、吸纳就业等等。使黑龙江作为资源大省

能够分享"地主"之利。(6)中央政府应增加对黑龙江省的投资建设力度。在中央政府主导的铁路、公路、口岸等基础设施和扶贫开发、重大项目投资计划中划拨较多的资金;对黑龙江省发展对俄资源能源与经贸合作的外向型经济给予财政和政策上的特殊支持;对黑龙江省企业"走出去"开发资源、争取项目、开展合作给予特殊照顾;对于黑龙江省发展与东北亚国家进出口贸易给予特殊优惠政策,大力促进黑龙江省沿边开放带建设与对俄边境贸易的更大发展。(7)调整财政转移支付政策,支持黑龙江省尽快富裕起来。当务之急是比照国家对新疆政策,从国家一次分配的税收税率和二次分配的财政转移支付政策上向黑龙江省倾斜,增加黑龙江省城镇职工的人均收入,改变其位居全国相对靠后的局面。

对黑龙江省的建议:(1)黑龙江省应高度重视发展,把科学发展、跨越发展作为第一职责。建立起适合黑龙江省情实际、潜力深厚、可持续的经济体系和产业体系,培育壮大黑龙江省内生动力的自我发展能力。在支持中央企业在黑龙江省发展的同时,集中精力抓好黑龙江省接续替代产业、新兴战略产业的发展。(2)黑龙江省应特别重视改善民生,应千方百计让一方百姓真正富裕、加快富裕起来。根本改变黑龙江省拥有如此丰富的战略资源,为国家作出独一无二的重大贡献,保障国家石油、生态、粮食、矿产和边防等五大安全,却长期"捧着金碗过穷日子"的格局。(3)黑龙江省应始终高度重视生态安全,把可持续发展放在更加突出的位置。既要追求"金山银山",更要坚守"绿水青山"、保护生态环境这一底线不动摇。在加快经济发展的过程中,一定要打破"资源魔咒"、规避"资源陷阱"、防范"生态风险"。(4)黑龙江省地方政府应把对中央负责和对地方百姓负责紧密结合起来。黑龙江省的能源大部分输往全国各地,利税大部分也上缴给国家,金融机构的存款也有10%以上"支援"全国,而黑龙江省财政支出50%以上,甚至60%要靠中央财政的转移支付。这一格局应加以改变。(5)黑龙江省应非常重视科学制定发展规划并加大推进力度。黑龙江省现有"八大经济区"、"十大工程"建设规划,体现了科学发展的要求,应作为黑龙江省的主体战略,建立切实有效的支撑保障体系,一以贯之、坚持不懈地抓好推进落实。

对国际组织的建议:(1)建议亚洲开发银行确定今后 5—10 年内对黑龙江省金融支持的规模;在中国"十二五"期间把对黑龙江省的贷款规模增加到 20 亿美元左右,加大对黑龙江省交通、城市基础设施、能源、节能、环保等领域的支持,确定具体的支持项目。以期成为促进黑龙江省与东北亚国家间区域经济合作,推动黑龙江省经济社会全面发展的强有力支持者。(2)建议亚洲开发银行把支持黑龙江省金融改革发展列入未来 5 到 10 年的试点规划,作为金融改革的示范区和试验田。发挥亚洲开发银行贷款、股本投资、技术援助和联合融资担保的职能,帮助作为亚洲相关国家与地区的黑龙江省加强交通、城市等基础设施建设,加快实现消除贫困,促进经济社会发展。(3)希望世界银行、国际货币基金组织等更多地关注黑龙江省的变化和发展,利用区域协调机制和信息渠道的便利条件,推动促进黑龙江省全方位对外开放。金融不足是黑龙江省突出的短板之一。世界银行、国际货币基金组织等具有丰富的经验和丰厚的金融资源,尤其是国际金融合作的经验和资源,不仅仅是贷款业务,黑龙江省金融体系的完善、金融改革的深化更加需要国际金融组织的关注和支持。

案例评析

1. 智库研究需要注重战略性。黑龙江社科院敢于承担"创新黑龙江省级发展战略研究"课题,包括相关的"'十二五'期间黑龙江省应实施跨越发展战略"研究课题,抢占课题研究高地,是发挥智库作用之本。如果不能在省委省政府最关注的课题上有所作为,智库作用就会大打折扣。

2. 智库研究需要增强前瞻性。黑龙江社科院研究的课题，不以短平快见长短，而要在中长期、前瞻性课题上争高下，是发挥智库作用之基。例如，2010年我们争取到省委书记支持，从2011年开始，每年增加科研经费500万元，这也是由于省委主要领导对我院系列课题成果予以充分肯定的结果。

3. 智库研究需要体现针对性。黑龙江社科院近几年取得的成功，得益于我院应用对策研究课题紧盯省委主要领导同志需求，每年采取先呈报审批、后启动研究的"订单"模式研究，使我院拉近了与省委主要领导同志的距离，实现了决策建议的"直通车"，成为靠得住、用得上、离不开的"新智库"。

新智库助推城市发展方式转型

——上海社科院参与决策咨询,推动地方经济发展方式转型的体会

上海社会科学院

积极调整产业结构,加快转变经济发展方式,是我国当前乃至整个"十二五"时期重要的战略重点和发展目标。经济发展方式的转型不仅需要政府的宏观引导、企业的直接参与,更需要社会科学理论的深入研究和理论指导,特别是需要智库提供前瞻性、务实性、创新性的决策咨询服务,这是有效贯彻落实科学发展观,全面提升国家软实力的基本要求。

当今我国正处于城市化、郊区化、再城市化并行发展的城市化快速发展时期,城市问题研究、城市化发展模式选择等问题理应成为地方社科院或城市社科院高度关注和研究的重大议题,从多元化、多类型的城市化发展实践中总结正反两方面的发展经验与相关教训,为国家、地方和城市政府推动更加公平、和谐的城市化发展目标提供有价值的决策建言,充分发挥智库在推动地方经济发展方式转型中的作用。

上海是我国最大的经济中心城市,目前正面临着全力建设"四个中心",转变经济发展方式,努力建成经济社会协调发展的全球城市的关键时期。近年来,上海社科院围绕上海城市转型和发展,站在全球化和本土化的视野,发挥多学科的综合优势,全面深入地研究重大理论和实践问题,开展多种形式的决策咨询研究,为政府科学决策提供了许多有价值的决策建

言,主要体现在以下几个方面:

一、组织开展"上海十二五规划学者版(A、B版)研究"。从理性、科学、务实的角度出发,对"十二五"时期上海如何加快率先转型进行了深入研究,提出了一些新的理论观点和实践发展思路。例如学者版A版提出"十二五"时期上海的城市功能应该加快建设"国际金融中心"、"国际航运中心"、"国际贸易中心"、"国际高端商务中心"、"国际文化与创意中心"、"国际医疗保健服务中心"为主的"六中心"新功能定位;B版则从八个方面提出了上海率先转型的具体内涵,即发展目标从提升城市经济实力转向建设全球城市;发展理念从"竞争·超越"转向"服务·协同";发展重心从城市形态建设转向城市综合功能提升;发展动力从以投资拉动为主转向以创新驱动为主;发展路径从资源能源消耗型转向低碳生态型发展;产业结构从"二三"并重转向"二三"融合发展;空间布局从单中心城市空间转向多中心城市结构;治理模式从"强政府"模式到政社合作治理模式等。市发改委、决策咨询委员会等决策部门领导来我院听取专题汇报,为政府十二五规划提供了有益的决策参考。

二、策划了一批有利于加快城市转型的系列专报。包括重大基础设施的投融资政策、城市大型枢纽开发建设,文化产业发展、提升政府服务效率、特大城市社会治理等问题,提出了富有前瞻性和务实性的决策建议,主要包括:"对虹桥商务区空间布局问题的再思考"、"关于应对世博高峰压力的建议"、"获评'设计之都'后上海要有新举措"、"全面强化本市幼儿园、中小学门卫制度的3条建议"等,上述专报获得了市委市府高层领导的批示。

三、倡导并承接世博后软资源开发利用。为贯彻落实胡锦涛总书记关于"做好世博后这篇大文章"的相关指示,我院积极建言,向市委市政府提供了世博后研究的基本框架体系,得到市委书记俞正声的肯定。为此,市委市政府专门成立了"后世博"研究领导小组,围绕世博后与上海发展转型重大课题开展联合研究,我院承担了"传承世博精神,建设国际文化大都市"分课题,主要包括世博精神、世博后文化大都市建设、世博制度资源开发利用、世博后全球城市建设等四个部分,并认为世博精神有助于促进人类物质文明与精神文明的融合与提升;有助于加强国民素质教育,反思国民精神,树立国民风范;有助于实现普世价值与多元文化的有机结合;有助于文明、进步、发展、环保等价值观达成共识等重大意义,并认为世博会是上海全面建设全球城市、国际文化大都市,提升国际城市品牌的重要契机,更是对城市治理水平和市民综合文明素质的一次新的检阅。这一研究成果对上海世博后的城市转型升级提供了全新的发展思路。

四、充分发挥上海市社会科学创新研究基地,研究地方和国家发展的重大问题。上海社科院共有 2 个社会科学创新研究基地。其中,上海城市发展战略研究基地设立了 2010 年度"世界城市空间转型与产业转型比较研究"的重大课题,重点从城市的空间和产业发展视角来解读世界城市发展转型的经验,为上海城市转型提供借鉴,为政府决策咨询服务。中国特色社会主义理论体系研究基地,结合国家重大课题对中国模式开展全方位的理论总结和对比研究,对中国和平崛起提供相关的理论支撑。

五、以推动经济社会率先转型为主线,出版上海蓝皮书系列。2010 年我院上海系列蓝皮书主题分别为经济蓝皮书——率先转型、社会蓝皮书——投资社会、资源蓝皮书——低碳城市、文化蓝皮书——文化世博,从不同角度提出了上海经济方式转型的路径和策略,并给上海"两会"代表人手一套,引起了较大的社会反响。2011 年蓝皮书系列又扩充了法治、传媒和国际城市发展等。与此同时,我们联合江苏、浙江社会科学院,合作出版了主题为"率先转型中的长三角"的长三角蓝皮书,为长三角区域发展和经济转型献计献策。

六、结合国家和地方经济转型,选择重大问题,邀请经济学、社会学等领域的知名专家举办"新智库论坛",为政策调整搭建学术建言平台。近期我们举行了"2010年全国'两会'热点问题暨经济形势报告会"、"上海'十二五'期间的低碳经济和绿色发展"等高质量的智库论坛,将核心观点以专家建言的形式上报给市委市政府领导,供决策参考。

七、提炼和总结现代区域发展模式与经验,为城市区域经济发展提供战略决策服务。在浦东开发开放20周年之际,我院组织了一套研究"浦东之路"丛书,为国家战略与浦东发展成效进行了客观的总结,探讨了现代国际城区发展的路径与方向。《东方早报》六个版面集中报道这套丛书,产生了较好的影响。

八、积极承接上海市哲学社会科学规划系列课题研究,为上海"创新驱动、转型发展"出谋划策。近年来,我院主动组织院内外专家力量,积极申报上海市哲学社会科学规划办公室发布的"上海城市发展与管理研究系列"(5个子课题),最终完成了"未来十年上海城市空间结构演变趋势和优化调整研究"、"新形势下深化上海城市社会管理体制改革研究"、"'十二五'时期上海加快郊区新城建设对策思路研究"、"新形势下完善上海城市社区治理结构研究"、"世界城市发展转型比较研究"5个研究报告,主要围绕上海转变经济发展方式和"四个中心"建设的实践,归纳总结了可资借鉴的世界城市发展转型规律、经验和教训,提出了上海加快城市发展转型的对策建议。

案例评析

1. 在参与重大决策咨询研究时,地方社科院应主动开展平行研究,制定自己的学者版,为党和政府决策提供有学理支撑和独立观点的建言献策。近年来,除了"十二五"规划研究外,我院还开展了上海教育改革中长期发展规划,上海医疗保障体制改革等平行研究,许多建议被政府文件采纳,充分体现了智库的价值。

2. 要积极开展中长期研究,为政府决策进行政策储备。社科院不同于政府研究部门,具有综合学科优势。因此要凸现自己的独特价值。地方社科院应充当政府的"冷班子,"从历史经验、国际比较、理论创新等方面积累成果,提出具有战略性、前瞻性和可操作性的咨询建言。

做好重点课题　服务江苏决策

江苏省社会科学院

　　江苏省社会科学院作为地方社科院,其主要职能是为江苏省委、省政府提供决策咨询服务。为发挥好现代智库的作用,我院建立了多种制度化的政策咨询服务渠道,主要有:江苏发展高层论坛、院重点课题与《江苏研究报告》、现代智库论坛、江苏经济社会形势分析与预测(蓝皮书)、《咨询要报》、《决策咨询专报》、应用对策研究基地等。近年来,我院围绕抓好重点课题,服务江苏决策,有力提升了智库功能,扩大了社科院的影响力。

　　由省委、省政府主要领导圈定的院重点课题研究是我院发挥现代智库作用,做好政策咨询服务的一项重要工作。自 2000 年起,我院每年都向省里报送一批选题,请省委、省政府主要领导圈定,作为院重点课题立项,组织院内科研骨干力量进行研究,成果以《江苏研究报告》的形式报呈书记、省长阅示。十多年来,我院共承担书记、省长圈定的院重点研究课题近二百项,《江苏研究报告》多次得到书记、省长等省领导的批示。课题研究成果得到了领导的充分肯定,这种咨询服务的工作模式得到了社科界同行的赞许,兄弟省市社科院也纷纷效仿我院的重点课题工作方式,为当地政府领导提供决策咨询服务。

　　2009 年,我院共承担省委书记、省长确定的院重点课题十三项,分别是:推进城乡经济社会发展一体化研究(负责人:章寿荣、徐琴)、江苏经济"保增长"面临的难题与对策研究(负责人:宋林飞)、国家"十大产业振兴规划"与江苏产业发展对策研究(负责人:胡国良)、当前江苏扩大内需、促进消费政策研究(负责人:葛守昆)、江苏农村金融创新与发展研究(负责人:包宗顺)、江苏推进省直管县(市)财政体制改革研究(负责人:吴先满)、江苏促进保障性住房建设的政策措施研究(负责人:陈颐)、江苏省与兄弟省市文化事业及文化产业发展比较研究(负责人:吕方)、江苏产学研结合的路径与对策(负责人:张远鹏)、全球经济危机的动向、趋势及对江苏经济的影响研究(负责人:田伯平)、当前国际新贸易保护主义与对策研究(负责人:陈爱蓓)、金融危机对江苏企业的冲击与对策研究(负责人:吴群、徐志明)、江苏预防与妥善处理群体性事件的对策研究(负责人:张卫)。时任江苏省省长的罗志军同志对我院重点课题研究工作和《江苏研究报告》非常重视,在"国家产业振兴规划与江苏产业发展对策研究"、"江苏农村金融创新与发展研究"、"江苏产学研结合的路径与对策"、"江苏文化事业文化产业发展及其省际比较研究"、"国际新贸易保护主义与江苏的应对"等课题报告上作了肯定性批示。

2010年,我院共承担省委书记、省长圈定的院重点课题十项,分别是:提高江苏人才队伍建设研究(负责人:徐琴)、提高江苏高校办学水平研究(负责人:余日昌)、城市化面临的问题和对策研究(负责人:张卫)、江苏发展创新型经济的主要着力点与政策支撑研究(负责人:葛守昆)、江苏发展战略性新兴产业近期工作重点研究(负责人:吴先满)、江苏城乡一体化背景下农业适度规模经营研究(负责人:包宗顺)、提升江苏开放型经济国际竞争力研究(负责人:张远鹏)、集江苏全省之力加快沿海开发研究(负责人:陈爱蓓)、江苏服务型政府建设面临的突出问题与对策研究(负责人:孙肖远)、江苏文化产业发展中面临的新问题与对策研究(负责人:吕方)。

2010年院重点课题的研究成果也得到了时任省长罗志军等省主要领导重视与好评。罗志军通过省政府秘书长樊金龙找到我院，委托我院专家提供战略性新兴产业发展情况的材料。院2010年度重点课题"江苏发展战略性新兴产业近期工作重点研究"课题组负责人，时任财贸研究所所长的吴先满研究员，带领中青年学术骨干，深入研究，收集整理了三十多万字的有关广东、福建、浙江、上海、山东、天津、北京、重庆等省市发展战略性新兴产业的动态与政策上报省领导，为省领导战略决策提供了翔实的背景资料和有力的咨询服务，受到罗志军等省委、省政府主要领导的好评。

2011年，我院组织科研处和研究所专家学者创办了《决策咨询专报》直报省领导参阅，与南京大学等联合举办"江苏发展高层论坛"并将其制度化，在院重点研究课题工作方面，更是前所未有的立项19项课题。这不仅开拓了我院为省委、省政府领导提供决策咨询服务工作的一个新局面，也充分体现了省委、省政府主要领导对江苏省社科院工作的重视与肯定。2011年我院承担的十九项省委书记罗志军、省长李学勇圈定的院重点课题分别是：在新的起点上开创江苏科学发展的新局面的战略研究（负责人：刘志彪）、苏南在率先基本实现现代化的新征程上为全省创造新经验、作出新示范的研究（负责人：章寿荣）、推动消费尽快成为我省经济增长第一动力的研究（负责人：胡国良）、深入实施好创新驱动战略、率先基本建成创新型省份的研究（负责人：葛守昆）、资源约束、环境压力背景下江苏的绿色增长战略研究（负责人：孙克强）、我省加快转变经济发展方式的前瞻性思考与创造性安排研究（负责人：田伯平）、江苏居民收入七年倍增计划的实施机制研究（负责人：许佩倩）、省委省政府《关于支持民营经济发展的政策措施》的落实情况的调研和分析（负责人：徐志明）、关于把更多的财力用于江苏社会建设和改善民生的研究（负责人：陈颐、骆祖春）、江苏确保开放型经济在全国的位次不后移、份额不减少、质量有提升的对策研究（负责人：张远鹏)、关于加快形成我省服务经济为主的产业结构的关键问题研究(负责人:方维慰)、科技金融创新支持战略性新兴产业抢占制高点的对策研究(负责人:吴先满)、我省推进城乡发展一体化主攻方向与战略重点研究(负责人:包宗顺)、深入实施江苏沿海开发战略的重点与难点研究(负责人:成十)、江苏社会管理创新与扩大民主参与研究(负责人:刘旺洪)、江苏重大社会风险的评估、防范和处置研究(负责人:张超)、江苏基本公共服务均等化研究(负责人:张春龙)、江苏文化史研究(负责人:陈刚)、"十二五"时期江苏文化创意产业研究(负责人:吕方)。

为加强对省委省政府领导决策咨询服务,2011 年 7 月 7 日,我院召开了"区域发展研究中心成立仪式暨江苏'两个率先'的关键环节与对策研讨会",江苏省社会科学院区域发展研究中心宣布成立,该中心将进一步发挥社会科学院作为省委省政府的"现代智库"作用,为其提供更贴近的决策服务。院党委书记、院长刘志彪教授作了题为《在新的起点上开创江苏科学发展的新局面的战略研究》的主题讲话。该讲话也是刘志彪院长将其牵头负责的 2011 年度院重点课题"在新的起点上开创江苏科学发展的新局面的战略研究"的研究成果向大家做的一个汇报。刘志彪认为,在新的历史时期,为实现"两个率先",江苏需将工业化和信息化结合起来,扬弃过去的以模仿学习为主要特征的"后发优势"战略,转向以创新驱动为特征的"先发优势"战略。要从获取"体制转型红利"转向寻求"制度创新红利";从获取数量型"人口红利"转向寻求质量型"人口红利";从获取"全球化红利"转向寻求"扩大内需红利";从获取"要素投入红利"转向寻求"技术创新和生产率红利";从获取"非均衡发展红利"转向寻求"协调均衡发展红利"。截至 2011 年 6 月底,我院承担的十九项重点研究课题都已完成,形成了课题研究报告初稿,在请院外专家评审并修改后,即可上报给省领导参阅。刘志彪院长还经常结合我院相关重点课题成果,在省委、省政府主要领导主持的重要会议上发表决策咨询意见,受到省领导的重视与好评。

案例评析

从 2000 年至今,我院进行重点课题研究工作已经有十多年,在为省委省政府领导提供决策咨询服务方面做了很多卓有成效的工作。归纳起来,我院的重点课题研究工作有以下几点经验:

1. 课题主项要紧跟省委省政府领导决策咨询需要,紧扣江苏经济社会发展中的热点、难点问题。

2. 重点课题要重点投入,必须组织院内科研骨干力量集中攻关,课题组组长由研究所所长、资深研究员挂帅,并配置相应的财力、人力,从而确保课题成果质量。

3. 课题研究成果要以合适途径及时上报与转化。目前我们主要以《江苏研究报告》形式上报。十余年来,由省委书记、省长亲自为我院确定年度重点课题,已经成为我们深入研究江苏经济社会发展规律、充分发挥为省委省政府决策咨询服务职能的重要方式,也已成为我院每年必须安排的日常性工作。

福建省社会科学院智库建设案例分析
——福建平潭综合实验区开发研究

福建省社会科学院

　　福建省社会科学院的办院方针和主要任务是：以马列主义、毛泽东思想、邓小平理论和"三个代表"重要思想为指导，深入贯彻落实科学发展观，在哲学社会科学领域进行基础理论研究、应用研究、对策研究和咨询服务，注重从福建实际出发，为领导决策服务，为地方经济社会发展服务，为实现祖国统一大业服务。近年来，我院注重发挥思想库、智囊团作用，充分发挥智力优势，紧跟省委、省政府思路，把握省委、省政府脉搏，深入调查研究，集思广益，为辅助省委、省政府领导决策起到了一定作用。

　　2009 年 5 月，国务院正式下发了《关于支持福建省加快建设海峡西岸经济区的若干意见》(以下简称《意见》)。《意见》明确提出"在现有海关特殊监管区域政策的基础上，进一步探索在福建沿海有条件的岛屿设立两岸合作的海关特殊监管区域，实行更加优惠的政策"，并指出要"探索进行两岸区域合作试点"。根据这一精神，福建省委省政府在深入调研的基础上，在 2009 年 7 月底召开的中共福建省委八届六次全会上正式作出了设立平潭综合实验区的决定。

　　为了加快平潭综合实验区建设，积极探索两岸交流合作的新模式，打造两岸同胞交流交往的新载体。2010 年年初，根据省委、省政府关于加快推进平潭综合实验区开发建设的指示要求,我院组织有关专家学者 21 人,到平潭进行综合实验区开发建设情况调研、考察。专家学者通过实地考察调研,形成《关于加快推进平潭综合实验区建设的建议》获得省委和省政府领导批示。

同时,我院还积极寻求与中国社会科学院有关研究所的科研合作,全面开展平潭综合实验区开发开放研究。我院和中国社科院工业经济研究所组成课题联合调研组,共同开展《福建平潭综合实验区开发研究》课题调研。2010 年 6 月间调研组一行在实验区领导的陪同下,实地察看了规划建设中的相关区域和基础设施项目建设情况,了解实验区前期工作情况,并邀请 12 个相关科局参加调研讨论会,与会专家和有关领导就 23 个科研课题展开讨论。会后,课题组详细分析此次调研所获信息,进一步深化研究课题,认真对接实验区各项工作,及时为实验区建设提供智力支持和理论帮助。

2011 年 2 月,我院与中国社科院工业经济研究所合著的重点项目《平潭综合实验区开放开发研究》一书,由经济管理出版社出版。这部专著在深刻剖析平潭综合实验区开放开发的战略意义、现实基础、比较与借鉴跨境区域合作模式的基础上,从平潭综合实验区开放开发的总体定位、两岸共同管理机制、投融资机制等方面,探讨平潭综合实验区的开放开发模式,并提出有针对性、可操作性的战略对策措施。

案例评析

1. 紧紧围绕省委省政府的工作重心开展对策研究,是我院智库建设的核心

设立平潭综合实验区是福建省委根据国务院《关于支持福建省加快建

设海峡西岸经济区的若干意见》精神做出的重大决定,也是福建省进一步实施"大开放"战略,着力推进海峡西岸经济区对台合作先行先试,加快形成两岸体制机制衔接区,为两岸和平发展大局服务的重大战略举措,是中央领导把海峡西岸经济区建设成"科学发展之区、改革开放之区、文明祥和之区、生态优美之区"的殷切期望,对福建省加快科学发展、跨越发展具有重要意义。

加快平潭综合实验区开放开发,必须找准功能定位,明确发展取向,充分发挥对台独特优势,加快推进新一轮的"大开放"。目前,两岸专家、学者对平潭综合实验区的开放开发内涵、总体框架设计、相关推进方案、运作模式及其保障措施等重要问题的探讨,可谓见仁见智,急需进行深度研究,比较与借鉴"跨境共建"开发区等发展模式,提出确实可行的方案,从而为两岸治理提供范例。

为进一步发挥"智囊团"、"思想库"的作用,更好地为经济建设服务,为领导咨询服务,为祖国统一大业服务。福建社会科学院奋力先行,联合中国社会科学院工业经济研究所,抽调精兵强将共同开展"平潭综合实验区开放开发研究",多次深入平潭实地调研,在此基础上撰写出一批研究报告,提交给上级部门和领导作咨询与决策参考。

2. 站在学术和实践的前沿,形成富有前瞻性和时效性的决策参考,是我院智库建设的特点

在积极参与实践的同时,我院没有放松基础研究和理论创新,通过组织超前研究、大型研究,为决策咨询提供了前期积累和理论积淀。

切实抓好理论研究和学科建设直接关系到智库建设的能力和质量。本课题走在平潭发展的前列,把握平潭经济、社会、科技发展的大趋势,超前谋划。《平潭综合实验区开放开发研究》是个新课题,内容牵涉到政治学、经济学、社会学等诸多方面,包括了设立平潭综合实验区的战略意义、平潭综合实验区开放开发的基础、区域合作模式对平潭综合实验区的借鉴、两岸合作模式与平潭综合实验区对台合作模式的选择、平潭综合实验区的总体定位、平潭综合实验区产业发展定位等。

3. 调遣精兵强将，多元化、多层次聚集人才，是我院智库建设的关键

新型智库建设离不开高层次的人才。长期以来我院以坚持改革创新为动力，加强社会科学研究机构自身建设。在研究方向上，继续坚持开放式办院方针，坚持百花齐放、百家争鸣的方针，营造宽松包容的学术氛围，在开门办院、合作互动中提高影响力。"平潭综合实验区开放开发研究"是我院和中国社会科学院首次合作的重点课题，整合研究资源和研究力量，积极联合中国社科院高水平专家学者和实际工作部门人员参加课题研究，提升合作攻关能力和水平，高标准地完成了本次研究任务。

应用研究成果上升为国家发展战略的成功探索

——江西省社科院"鄱阳湖生态经济区"课题研究述评

江西省社会科学院

江西省最大的优势是生态,如何在保护生态与加快发展中探出一条新路,实现老区人民科学发展、加快发展的新期待,是一个重大而深远的现实课题。对此,江西省社科院充分发挥自身优势,结合省情、院情,于 2008 年初及时向省委、省政府提出"向国务院有关部门申报'环鄱阳湖生态经济试验区'"的对策建议,得到省委、省政府主要领导的高度肯定。随后,省委、省政府决定,由江西省社科院牵头,联合省发改委等相关单位,组成研究小组,做进一步的深入研究。"建设鄱阳湖生态经济区"成为江西省委、省政府政府谋划江西下一步科学发展的重大战略决策。在我们提交的研究报告基础上,江西研究编制了《鄱阳湖生态经济区规划》,并上报国务院。2009 年 12 月 12 日国务院批复了这个规划,"建设鄱阳湖生态经济区"的重大决策,正式上升为国家发展战略。

"建设鄱阳湖生态经济区"这一课题,科学地回答了在经济欠发达省份江西如何贯彻落实中央决策部署、探索一条适合自身发展实际的新路这一事关江西经济社会发展大局的理论与实践问题,是江西省社科院服务地方经济社会发展、为党委政府决策服务最为成功的案例之一,是该院近年来"新智库"建设成就的集中体现。

1. 科学回答了为什么要建设鄱阳湖生态经济区以及其在国家发展战略中的定位,为建设鄱阳湖生态经济区的提出夯实了现实基础

鄱阳湖是全国最大的淡水湖,是世界的"生命湖泊",被联合国列入世界湿地保护名录。鄱阳湖不仅是江西的鄱阳湖,而且是中国的鄱阳湖、世界的鄱阳湖。温家宝总理在2007年4月视察江西时有"保护好鄱阳湖这一湖清水"的嘱托,落实好这项嘱托,不仅是保护鄱阳湖生态环境的迫切要求,更是实现长江中下游地区生态安全的必然要求。本研究基于上述分析,提出了四个方面的现实意义:第一,这是落实科学发展观、建设生态文明的具体实践。深入学习实践科学发展观,是党的十七大作出的一项重大战略部署。2008年2月,党中央把江西列为学习实践科学发展观活动的省级试点单位之一。学习实践科学发展观,关键在实践。建设鄱阳湖生态经济区,是江西贯彻落实科学发展观的一个重大举措。第二,这是保护鄱阳湖"一湖清水"、维护长江中下游生态安全、粮食安全、饮水安全的迫切要求。国内外专家一致认为,鄱阳湖是中国的最后"一湖清水",它每年流入长江的水超过黄河、淮河和海河三河的总流量,是长江水流的调节器。随着工业化、城镇化加快以及人口的增加,目前这"一湖清水"正面临环湖城市工业污水与生活污水的威胁。鄱阳湖生态经济区的建设,将会进一步增强湖区乃至江西经济社会可持续发展的能力,使鄱阳湖避免太湖、滇池的命运。第三,这是对接中央关于加快发展沿干线铁路经济带和沿长江经济带战略的必然选择。党的十七大报告指出,要遵循市场经济规律,突破行政区划界限,形成若干带动力强、联系紧密的经济圈和经济带。鄱阳湖生态经济区正处于京九经济带和长江经济带的结合部,不仅具有率先崛起的可能,而且具有促进两大经济带加快形成的作用。第四,这是江西争取国家有关政策支持,为加快发展谋求更大利益的重要支撑。

2. 科学回答了建设一个什么样的鄱阳湖生态经济区以及必须注意的

基本原则,为建设鄱阳湖生态经济区的提出指明了目标取向

一项研究要上升为党委、政府的决策,必须要有扎实的框架内容作为依据。本研究报告认为,我们所要建设的鄱阳湖生态经济区,是指在科学发展观指导下,以鄱阳湖为核心,以环鄱阳湖经济圈(规划范围涉及南昌、九江、上饶、鹰潭、抚州和景德镇六个设区市,流域范围覆盖江西的97%)的生态保护为基础,经济发展为支撑,环境保护与经济发展相统一,生态、经济、政治、文化、社会为一体的生态文明建设示范区。第一,在指导思想上,提出要坚持以科学发展观为指导,按十七大建设生态文明的要求,以保障长江中下游生态安全为出发点。按照"生态优先、经济驱动、流域'掌'控、带状集聚、内外融合、文明示范"的要求统筹考虑经济区环境保护、人口分布、经济布局、土地利用及城镇化格局,大力调整经济结构,转变经济发展方式,保护好鄱阳湖"一湖清水"。在鄱阳湖生态经济区内按照生态经济产业化、产业经济生态化的理念,规划好生态经济的发展,实现科学发展与加快发展的有机统一;实现生态文明与物质文明、政治文明、精神文明的有机统一;实现新型工业化、新型城镇化与环境保护的有机统一;实现经济发展与改善民生为重点的社会建设的有机统一;实现自身发展与周边联结互动的有机统一。第二,在基本原则上,要始终坚持保护生态、发展经济,统一规划、分步实施,以人为本、统筹兼顾,政府引导、市场运作等四个方面。第三,在建设目标上,要坚持以科学发展观为指导,充分发挥鄱阳湖区生态环境优势,着力构建科学发展的生态经济体系、永续利用的自然资源保障体系、城乡协调的人居环境体系、丰富多彩的生态文化体系、繁荣稳定的生态社会体系。倡导绿色消费,实现经济又好又快发展,确保鄱阳湖水质和鄱阳湖城市空气环境质量按功能区达到国家标准,保持"一湖清水"目标,确保长江中下游生态安全。第四,在战略构想上,至少可以从四个层面来考虑,即生态保护层面、生态经济层面、生态文化层面、生态社区层面。具体来说,要重点突出一线(沿京九线的昌九经济带),打造双核(做大做强南昌、九江两大"核心"城市),强化三带(生态保护带、生态恢复带和生态控制带),构建四区(将鄱阳湖生态经济区划分为禁止开发、限制开发、优化开发区和重点开发区),构筑高层次的生态经济区。

3. 科学回答了怎么样建设鄱阳湖生态经济区以及当前必须抓好的几项工作,为建设鄱阳湖生态经济区的提出奠定了操作框架

建设鄱阳湖生态经济区是一项系统工程,需要长久不懈地努力,为此,我们提出了当前必须努力抓好的几项工作,对如何建设好鄱阳湖生态经济区具有较强的操作性、针对性。第一,建立健全高层协调组织和管理机构。建议建立一个鄱阳湖生态经济区管理机构,并赋予该机构一级政府的职能,便于对一些重大问题进行研究、协调、规划,并制定相关政策。第二,加快编制鄱阳湖生态经济区规划。主要抓好区域总体规划与四个主体功能区的配套规划。第三,建立健全区域发展协调机制。以市场为导向,铲除生态经济区内区域合作的各种障碍,打破地区封锁的格局,消除不合理的行政干预和区域内的市场壁垒,规范市场经济秩序,统一规划和建设市场网络。第四,加快建立健全监测预警机制。要完善生态经济动态监测网络,应用遥感、卫星定位系统等技术对"鄱阳湖生态经济区"内的五河水质、湖泊环境、水土保持、节能降耗、污水排放、空气质量等内容进行动态监测。第五,加快建立政绩考核评估体系。彻底改变传统的一味追求 GDP 增长的经济发展模式和地方政府政绩考核体系,建议对不同主体功能区域采取不同政绩考核办法的制度,对各主体功能区分类管理的绩效进行评价和政绩考核评估。第六,充分认识申报成功的艰巨性和持久性。虽然江西申报"鄱阳湖生态经济区"具有优越的条件和充分的理由,但申报成功还要受多种因素影响,不可能一蹴而就。江西如一次申报不成,决不能气馁,要坚持不懈地申报下去,直至成功。

总之,建设鄱阳湖生态经济区战略的提出,体现的是哲学社会科学的使命与价值,体现的是地方社会科学研究机构的作用与智慧,既是对科学发展的创新性实践,又是决策民主化、科学化的伟大结晶。这一战略构想,是基于江西生态优势、区位优势与资源优势的科学分析,是发挥江西后发优势、实现绿色崛起、进位赶超的英明决断。特别是面对后国际金融危机时代的来临,全球气候的变暖,低碳与生态经济正成为全球的发展主流的新的形势下,江西主动请缨,着力加快产业结构调整,大力发展低碳与生态经济的实际行动,既是江西本省的百年大计、宏伟蓝图,又是江西人民对国家安定团结、实现可持续发展战略的贡献,更是对世界人民维护生态家园、实现和谐发展的示范与贡献。

案例评析

1. 应用对策研究必须注重历史的继承性

没有昨天就没有今天,没有历史便没有现实。事物的发展总是有它的连续性,这是客观规律。中央三号文件明确规定了地方社科院的主要任务是围绕地方实际开展应用对策研究。江西省社科院的传统优长项目即是应用对策研究。早在20世纪80年代,江西省社科院就派出专家参与了江西"山江湖工程"、"昌九工业走廊"等项目的调查与研究,取得多项研究成果,获得时任省委、省政府主要领导的充分肯定。基于这一现实,江西省社科院在应用对策研究中,高度重视历史的继承性,既重视对优长项目的继承,又注重对研究成果的继承,提出了鄱阳湖生态经济区建设是"山江湖工程"的延续和发展的论断。这样的提法,得到了省委、省政府与社会各界的认同与肯定。可见,注重历史的继承性,应该成为应用对策研究及智库建设的题中要义。

2. 应用对策研究必须紧贴党和政府的工作大局

应用对策研究是为智库建设服务的,智库首先是党和政府的智库,它既然要成为公共财政供养的对象,就必须紧贴党和政府的工作大局,自觉地成为党和政府决策的外脑,自觉地为党和政府的重大决策建言献策。近年来,江西省社科院一直坚持"立足江西,紧贴江西,研究江西,服务江西"的工作思路,大力开展应用对策研究,从推动鄱阳湖生态经济区建设上升为国家战略的过程来看,这项研究正是紧贴了党中央、国务院的重要指示精神,紧贴了江西省委、省政府的工作大局,也正是如此,地方社科院的作用才得到进一步发挥、地位得以进一步提升。

3. 智库建设必须更多从战略上就中长期问题进行研究

地方社科院所处位置与特点,决定了它在研究取向、研究兴趣乃至研究形式上,既不能同国家级科研机构相比,又不能沉湎于一般性研究;既要区别于党委政府的政策研究部门,又要区别于高校、党校及各种媒体。这就决定了地方社科研究机构应该更多地从战略上就中长期问题做前瞻性、全局性、战略性的研究。建设鄱阳湖生态经济区战略的提出,也正是江西省社科院立足江西发展实际,更加注重超前性,更加注重战略性,快半拍地为省委省政府服务,而提出的一项重大应用对策建议。

转变科研发展方式　推进新型智库建设

——以湖北长江经济带研究为例

湖北省社会科学院

2009 年 11 月,中共湖北省委、湖北省人民政府制定了《关于推动文化大发展大繁荣的若干意见》,明确提出"进一步办好社科院"。省委、省政府要求精心组织重大理论问题和湖北历史及现实问题研究,以应用性研究为着重点,提高应用研究成果的转化率和贡献率。我院按照省委、省政府关于"进一步办好省社科院"和"打造新型智库"的总要求,加快改革发展的步伐,朝着全国一流的地方社科院迈进,立足湖北跨越式发展,放眼寰宇,为促进全省经济社会良性发展,积极构建促进中部地区崛起的重要战略支点,努力建睿智之言,献务实之策。

长江经济带是我国宏观区域开发的一级轴带和东西经济大动脉,湖北境内长江干流 1 062 公里,湖北长江经济带以全省 2/5 的土地面积、1/2 的人口,提供了全省 2/3 以上的经济总量,是湖北经济发展的主轴。湖北省社会科学院的专家学者,着力研究经济社会发展的重大现实问题,持续探讨湖北长江经济带的开放开发。

一、20 世纪 80 年代,湖北在改革开放中掀起了建设长江经济带的热潮

20 世纪 80 年代初期,省社科院就将长江经济纳入研究视野。1984

年,交通部组织专家考察长江干流和汉江-湘江经济发展,省社科院专家参加,并就湖北长江经济发展问题提出了一系列建议,引起省领导重视。1986年,我院有关专家再次受邀调研长江航运交通,其成果形成专著《长江经济研究——综合开发长江的构想》。该书提出,长江流域沿江地带自然、社会、经济条件相对优越,应将沿江产业密集带作为我国的一个经济发展战略。1987年3月,省社科院长江流域经济研究所正式成立。之后,长江所专家参加了国家社会科学基金重点项目"长江流域开放开发研究",并撰写了《流域经济学》一书,成为国内该领域的第一部著作,受到学术界高度评价。1989年,中共湖北省委提出"着力拓展沿江经济布局,初步形成以武汉为龙头,以长江和汉江为依托的开放开发基本框架",实施"湖北长江经济带开放开发战略",标志着湖北长江经济带的开放开发正式上升为省级决策层面。随即,省内掀起一股湖北长江经济带研究的热潮,长江所专家编著的《长江经济开发战略》提出以反梯度开发为补充的长江综合(梯度)开发模式。

90年代中后期,省社科院及其长江所继续深化长江经济带研究。1997年,长江所主持召开了"湖北长江经济带研讨会"。来自武汉地区高等院校、科研单位的专家学者以及省、市有关部门的领导同志,围绕湖北全省特别是其长江沿岸地区开放开发中的主要问题进行了广泛的研讨和热烈的交流,会议成果上报省政府有关部门。2000年以来,长江所加强了南水北调问题、三峡库区移民致富、生态补偿等问题的研究,把长江流域经济研究进一步推向深入。

二、2008年以来湖北推进新一轮湖北长江经济带开放开发

在全国区域协调发展总体战略部署下,我国区域经济发展进入沿海、沿江并重时代,浦东新区、武汉城市圈试验区、长珠潭试验区、成渝试验区

等新一轮改革的领跑区域,长江经济带是中国经济的未来核心区域。2008年世界金融危机开始对我国尤其是对沿海地区外向型经济造成很大影响,在外需不足的情况下,长江经济带在扩大内需、承接产业转移等方面的重要性日益突出。三峡工程的建成,为湖北长江经济带的开发利用提供了安全保障。在新的形势下,湖北提出新一轮长江经济带的开放开发。2009年,湖北省社科院专家深入省内长江沿线地区,开展专题调研,召开"湖北长江经济带发展战略研讨会",形成一批对策研究成果。其调查报告《湖北长江经济带发展战略研究》,由省领导批转有关部门阅研参考。2009年5月,时任省委书记罗清泉、省长李鸿忠主持召开湖北长江经济带开放开发专家座谈会,省社科院专家应邀与会,提出了重要建议,得到高度重视。同时,省社科院长江所承担编制了《湖北长江经济带开放开发总体规划(2009—2020年)》,提出湖北长江经济带的发展战略应定位为:加快湖北经济发展的空间主轴、促进中部地区崛起的重要增长极、全国水资源可持续利用典型示范区。该《规划》已经省委、省政府审定印发。

此外,我院还承担了《湖北长江经济带水资源利用与保护规划(2009—2020年)》的编制、《湖北长江经济带项目库》整理,以及湖北省社科基金项目《湖北长江经济带发展战略研究》、湖北省思想库课题《湖北长江经济带新一轮开放开发研究》、湖北省重大政策调研课题《湖北长江岸线资源利用与保护》等研究,我院专家执笔的"楚天舒"理论文章《谱写长江经济开发新篇章》,由《湖北日报》头版见报,进一步研究、宣传了省委、省政府实施湖北长江经济带新一轮开放开发的战略部署。

三、"十二五"时期推进长江中游城市群协调发展

长江中游地区的武汉城市圈与长株潭城市群同为国家"两型"社会示范区,鄱阳湖生态经济区重在探索生态与经济协调发展的新模式,可以说,

三个城市群紧密相连,均以长江中游为纽带,有着同样的历史使命,即在生态文明下共同探索经济与环境双赢的现代化发展道路。2010年12月国务院公布的《全国主体功能区规划》中,将上述地区统称为"长江中游地区",这无疑有利于紧密合作的经济板块真正形成。早在2003年8月,我院专家提出建立"长江中游经济区",2006年9月我院专家提出加快形成"长江中游城市群",2006年12月又提出"长江中下游大城市群"概念,均引起学术界和中外媒体的关注。2010年,我院专家出版了《长江中游城市群构建》一书,对长江中游经济区发展的现状、问题及对策等进行了全面的分析研究,包括城市群国家战略研究,武汉城市区与中部发展问题研究,长江中游经济区一体化构想,湖北长江城镇连绵带建设规划,国外城市群建设对中国的启示等。2011年,湖北省党政代表团分别到湖南、江西考察,协同推进长江中游城市群发展。

案例评析

新一轮湖北长江经济带开放开发,与20世纪80年代的开放开发不可同日而语。需要深入研究的重大问题还很多。

1. 需要重点研究湖北长江经济带与"两圈"的联动发展。武汉城市圈和鄂西生态文化旅游圈覆盖了全省,但两者不能彼此孤立,需要区域互动、产业融合、集成推进、协调发展。湖北长江经济带与"两圈"在地理位置和行政区域上高度重叠,是促进"两圈"协调发展的主轴。"两圈一带"是连接互动的关系,通过三者的集成整合,促进全省区域资源共享、优势互补、错位发展、整体联动,最终形成以武汉为龙头,以宜昌、襄樊为两翼,长江经济带为主轴,两轮驱动的总体发展格局。推动"两圈一带"联动发展的关键,在于加强沿江综合交通运输体系的建设,加强沿江产业的互动、优势互补,形成"圈带"融合发展的特色产业带。

2. 需要重点研究沿江产业发展与结构调整。构筑沿江现代产业体系是新一轮湖北长江经济带开放开发的重要内容。要大力发展产业集群,大力发展沿江先进制造业、高新技术产业、现代物流业、文化旅游业、其他生产性服务业、现代农业和农产品加工业等六大产业,积极推动现代产业密集带的形成。

3. 需要重点研究沿江城镇化和城乡一体化。充分利用湖北长江经济带的综合交通优势,整合资源,拉动和辐射城市发展。要加快重点城市群建设,大力发展武汉—黄石城市群与宜昌—荆州城市群;优化沿江城镇布局,大力提升武汉—荆州段的城市发展水平和城市功能,培育1—2个节点城市;以鄂州市城乡一体化试点为突破口,推进沿江城乡一体化进程。

4. 需要重点研究发挥长江黄金水道优势。湖北应加快省内长江港口、码头、航道及配套设施建设,加快沿江产业和要素聚集,推动沿江开放开发。要支持沿江重点产业项目建设和各种要素向沿江聚集,加快沿江产业布局的调整。大力发展大运输量、大用水量的重化工业和现代物流业,重点发展高耗水优势农产品,加快发展沿江旅游业等。鼓励和支持江海直达运输,发展新型江海直达船舶,完善干支直达的水运网络。大力发展外向型经济,营造良好的外商投资环境。

5. 需要重点研究机制体制的创新作用。要探索资源整合机制、建立产业联动机制、创建多元化投融资机制及健全区域协调合作机制。要鼓励区域联合开发,运用流域开发理念提出推行跨江联合开发。

6. 需要重点研究长江开放开发与生态环境保护的共存互赢关系。湖北长江经济带新一轮开放开发必须坚持绿色开发,即坚持"保护优先、合理利用、持续发展"的方针,实行"有限开发、有序开发、有偿开发、永续利用、人水和谐"。

服务经济社会发展的鲜活典范
——湖南省社科院"弯道超车"课题研究述评

湖南省社会科学院

2008年底,发轫于美国的次贷危机将全球经济逼入"寒冬",给当时湖南的发展带来了严重冲击和挑战。为贯彻落实党中央、国务院的决策部署,促进湖南经济化危为机,实现经济平稳较快增长,2008年的中共湖南省委经济工作会议,明确提出了"弯道超车"战略。2009年2月,湖南省哲学社会科学规划办公室把《国际金融危机与我省经济"弯道超车"的理论与实践研究》,作为2009年省社科基金重大项目委托湖南省社科院研究。在院领导的高度重视和关心下,"弯道超车"项目高标准、高质量地完成了研究任务,得到了省委省政府的高度肯定和理论界实践界的高度认同,并出版发行了《"弯道超车":湖南跨越发展的机遇与挑战》一书,为湖南顺利战胜此次金融危机发挥了重要的作用。

"弯道超车"项目科学地回答了什么是经济"弯道超车"、湖南要不要"弯道超车"、湖南能不能"弯道超车"、湖南怎样"弯道超车"等一系列事关湖南经济发展大局的基本理论问题,充分展示了湖南理论界的智慧和魅力,是湖南哲学社会科学服务经济社会发展的一鲜活典范。

1. 科学回答了"什么是经济'弯道超车'",为湖南的"弯道超车"提供了理论依据

众所周知,在交通规则中,"弯道超车"是严格禁止的,因而,当中共湖

南省委、省政府在 2008 年的经济工作会议上提出"弯道超车"战略时,当一部分人因习惯思维对此感到困惑,甚至以交通规则中严禁"弯道超车"为由质疑其科学性。该成果不仅从竞技体育的角度阐释了"弯道超车"提法的准确性:在体育赛车中,"弯道超车"是合法合规、有章可循的,也是体育竞技场上一种常见的赛车赶超规律,而且通过引申,首次从经济学的角度对什么是"弯道超车"进行了科学界定:作为一般经济概念的"弯道超车"指的是,在经济社会发展特殊时期,国家、地区、产业或企业以非常规的方式,实现后发赶超、跨越发展的经济竞争现象或策略,并用丰富的经典理论,包括经济周期理论、后发优势理论、经济起飞理论和风险博弈理论等,系统深入地剖析了"弯道超车"的理论依据,具有强烈震撼力和说服力,从而使湖南的"弯道超车"有据可依,也及时地解释了人们心中的疑惑。

2. 科学回答了"湖南要不要'弯道超车'",为湖南的"弯道超车"给出了科学判断

面对该次罕见的国际金融危机,湖南要不要"弯道超车",该成果从分析本次金融危机的成因、现状和湖南的经济形态入手,对此作出了肯定而又科学的回答。该成果认为,湖南作为一个内陆欠发达省份,既要面临本次金融危机从国际市场向国内市场蔓延,从东部沿海向中西部地区蔓延,从虚拟经济向实体经济蔓延,从中小企业向大企业蔓延,从终端产品向原料市场蔓延所带来的经济衰退压力,还要面临"两型社会"建设与发展方式转变的压力。在国际金融危机短期难以见底的情况下,面对双重压力,如果应对不当,经济增长将很可能出现严重下滑和衰退。该成果同时指出,湖南的经济形态,是典型的内生型,追赶型。因此,在金融危机和内生型、追赶型经济双重因素影响下,湖南不"弯道超车",不及时"爬坡、换挡、加油",社会不进则退,更谈不上跨越发展,后来居上。这些建立在理论分析和实证研究基础上的阐述,极大地坚定了决策者的信心。

3. 科学回答了"湖南能不能'弯道超车'",为湖南的"弯道超车"论证了现实可能

"弯道超车"战略是特定历史阶段的产物,是经济社会发展的非常态形式,实施"弯道超车"必须慎之又慎。该成果用大量的史实、事实,以历史的眼光、国际的视野、经济哲学的原理,阐释了湖南"弯道超车"的可行。该成果将"弯道超车"战略置于历史发展的长河之中,详细阐述了美国、日本、联邦德国、新加坡、韩国、中国台湾地区的成功历史经验,为湖南"弯道超车"提供了"前鉴"。

同时,该成果运用经济危机辩证法,经济发展辩证法、经济生命周期辩证法、经济决策辩证法等经济哲学原理,用大量的数据和事例,系统分析、论证了本次金融危机所带来的经济发展"双重拐点",以及"双重拐点"上的"湖南机遇"。在此基础上,进一步论述了湖南"弯道超车"的基础、优势。这些"前鉴"、"机遇"、"优势",使得湖南"弯道超车"有史可鉴、有机可循。

4. 科学回答了"湖南怎样'弯道超车'",为湖南的"弯道超车"勾画了战略路径

"弯道超车"是化危为机,积极应对危机的经济竞争策略,但由于危机的变幻莫测性,"弯道超车"又与高风险相伴随,技术再高超的司机也可能会在"弯道超车"中出现失败。因而,怎样"弯道超车"成了决策者最担心、最头疼的问题。《弯道超车》一书不仅对此进行了科学的回答,而且勾画了具体的发展路径。在发展思路方面,该成果提出了要"统筹城乡,实现超车同步性"、"统筹区域,增强超车平衡性"、"统筹经济社会,提升超车协调性"、"统筹人与自然,确保超车可持续性"、"统筹省城内外,构筑超车联动性"的"五统筹观",以及明确超车目标、调整超车策略、增强超车动力的"超车三要领"和分阶段、分区域、分层次的"超车三分规律"。这些均符合"弯道超车"的基本理论,也符合经济发展的一般规律。在赶超途径方

面，该成果列举了粮食生产、"四千亿工程"、科技创新、产业转移以及文化产业五个切入点，比较符合湖南实际，也是最能率先发力，支撑湖南崛起的几个产业、行业，可谓选准了突破口。在保障措施方面，该成果提出了解放思想、理顺机制、规范管理三个要点，可谓抓住了"软肋"，抓住了"牛鼻子"。

总之，"弯道超车"研究成果从理论、历史和实践等层面诠释了湖南的"弯道超车"战略思想，实现了理论阐释与实践指导的统一、历史借鉴与现实分析的统一、规律揭示与精神激扬的统一、思想深刻与语言生动的统一，既统一了干部群众的思想认识，也提振了干部群众的必胜信心，不但使湖南顺利战胜了此次金融危机，也促进了湖南跨越发展。2009年，刚刚经受上年初百年一遇冰灾重创的湖南，在"弯道超车"战略的引领下，面对罕见的国际金融危机，不仅没有放慢前进的步伐，反而高开稳走，增速和排位甚至均好于危机前的正常年份，谱写了化危为机、砥砺奋进的精彩篇章，并在中部地区率先驶入经济"快车道"。

案例评析

1. 智库研究必须注重研究的时效性

"兵贵神速"。"弯道超车"是一场思维方式的革命，对传统的思想观念、思维方式的冲击和影响较大。在金融危机肆行的当时，要使全省人民尽快统一思想，形成"弯道超车"的共识、共为，必须在最短的时间内拿出最有说服力的论据来论证，因而"时间就是生命、时间就是效益、时间就是金钱"。"弯道超车"之所以能被各界所高度肯定并发挥积极作用，与课题组在第一时间拿出研究方案、第一时间推出阶段成果、第一时间出版最终成果，及时满足领导的需要、群众的需求紧密相关。

2. 智库研究必须注重成果的社会性

研究成果的影响性(包括应用性),是研究项目的核心价值所在。而要提升研究成果的影响性,宣传推介是不可或缺的重要一环。不宣传、不推介,再好的成果也只能是"深闺之女"。"弯道超车"项目成果能在社会上产生如此大的影响,并在实践中发挥如此大的价值,除成果本身的科学性外,更主要得益于多种多样的学术研讨会、新闻宣传,等等,适时推介了阶段性成果。

秦岭山水休闲度假胜地研究

陕西省社会科学院

陕西秦岭是指界于渭河中、下游与汉江上游之间、包括嘉陵江上游(阳平关以上)和南洛河上游(洛南县境内)在内的陕西省南部山地。秦岭是中华民族的发祥地,自然景观与人文景观交相辉映,自然成为国家休闲度假旅游开发的重点。2009年,秦岭北麓西安、宝鸡、渭南3市相关县区大力实施政府主导型发展旅游业战略,省委书记赵乐际、省长袁纯清和副省长景俊海多次深入到秦岭地区检查、指导旅游工作,助推了秦岭生态旅游快速发展。秦岭生态旅游成为全省旅游业转型升级、调整产品的率先发展项目。同年8月,陕西省人民政府与国家旅游局签署协议,明确提出了建立秦岭国家休闲度假旅游目的地和国家生态旅游示范地的目标。为此该课题组进行了实地调查,对秦岭发展山水休闲度假胜地进行了深入研究,提出了可行性研究报告,旨在探索以中国的文化开发山地旅游,欲通过大秦岭的旅游创造中国式山地度假的旅游元素,创造中国山地度假的旅游标准,创造中国山地度假的开发模式,最终要形成一个现代休闲度假示范区,全新打造大秦岭旅游的品牌。

一、秦岭陕西段休闲度假胜地的开发范围

陕西秦岭是广义的秦岭的主要组成部分,横亘在关中平原和汉江谷地之间,四个极点是:北到潼关县城以南,南到旬阳县城,东到商南县的富水以东,西到略阳县的郭家坝以西。大致界于北经32°40′—34°35′与东经105°30′—110°05′之间,总面积5.79万平方千米,占陕西省国土总面积的28%,区域涵盖6个设区市、38个县(市、区)、452个乡镇,人口约497万人。

在行政上,秦岭山区范围涉及西安、咸阳、宝鸡、渭南、汉中、安康、商洛7市(地区)13个县的全部和22个县的部分区域。

秦岭生态旅游已经成陕西旅游业重要的旅游板块之一。据陕西省旅游资源普查和实地调查,秦岭地区拥有旅游资源单体数多达3 074个,其中包括地文景观246个,水域风光76个,生物景观89个,天象与气候景观4个,遗址遗迹835个。内含8个主类、28个亚类、104个基本类型,几乎含概了国家标准的方方面面,其中优良级旅游资源达到414个。

二、陕西秦岭山水休闲度假旅游发展现状的实地调查分析

1980—1990年秦岭山水休闲度假旅游属于起步阶段,依托高品质旅游资源开发,建设了为数不多的旅游景点,参与旅游的游客人数较少且基本以观光旅游为主;20世纪90年代,秦岭地区各类森林公园、风景名胜区、自然保护区蓬勃发展,吸引了周边居民,旅游产品在观光游览型的基础上,适应游客的需求推出了休闲与度假、科普教育等产品,秦岭地区旅游发展格局渐露雏形。进入21世纪,秦岭地区的旅游开发业也飞速发展起来,原有的景区景点不断深化,新开发建设的景区景点数量不断增多,这一发展态势适应了客源市场参与性、体验性的消费需求,旅游产品也不断开发。

秦岭北坡休闲度假旅游发展迅速,而且已成体系。秦岭北坡旅游度假带东西延伸约300千米,包括15个旅游景区、景点、森林公园。秦岭北麓

拥有国家地质公园 1 个,国家级历史文化名城 1 个,国家级风景名胜区 3 处,国家级森林公园 10 处,国家级自然保护区 4 处,国家级非物质文化遗产 2 处。

整体而言,秦岭休闲度假旅游胜地的发展水平仍然较低,与秦岭的知名度、美誉度与秦岭的资源优势并不匹配。发展秦岭山水休闲度假胜地还面临着许多问题。

秦岭北麓先后建立了 19 个国家、省、市级森林公园和翠华山国家地质公园以及周至、牛背梁等国家级自然保护区。除翠华山等少数景区特色鲜明外,其他旅游资源多是低层次重复建设,不能满足现代旅游者对高品位的观光产品和高质量的休闲度假产品的市场需求。自然旅游资源虽然开发率较低,但是其环境容量大,价值高,具有很大的发展潜力。人文旅游资源的开发状况要好于自然旅游资源,然而已开发的人文旅游资源差异性不突出,不能优势互补。非物质性的旅游资源问题更突出,如品味很高的人文活动类和菜品饮食类资源大多还都处于底层面的开发,旅游纪念品开发雷同,这是制约秦岭旅游发展的重要因素。没有能将自然旅游资源和人文旅游资源很好的结合,构成一个完整的旅游系统,不能实现系统功能的优化,这是秦岭目前旅游产品种类单一,难于均衡发展的根本原因。

三、打造秦岭山水休闲度假胜地的对策

该课题组遴选了秦岭南北两坡一些重点的度假区,在实地调查的基础上,以及对《秦岭旅游发展规划》、《秦岭北坡旅游规划》、《陕西秦岭生态环境保护条例》、《陕西太平国家森林公园总体规划》等相关规划研究、分析比对的基础上,同时结合我国大多山水休闲度假旅游区开发的经验教训,特提出如下战略对策,以此作为先前规划的补充建议。

1. 建立系列标准,做好长远整体规划。陕西省还要制定秦岭休闲度假

胜地系列标准,特别是对新开发的旅游景点、度假村的布点要按照颁布的正式标准实施。要制定长远规划,分批逐步实施,条件成熟的地方先实施,达不到标准或不符合规划的项目坚决不做。

2. 政府宏观主导,统一规划。成立秦岭旅游开发委员会,打破行政区域和条块分割、多头管理,政企分离,强力推进。整合陕西旅游集团和西安旅游集团两大机构下属管理的秦岭景区(点),在省政府统一领导下,由陕西省旅游局牵头,会同各地市政府联合推动,突出公益,加强保护,市场运作。

在陕西省政府的宏观引导下,应该依托秦岭丰富的旅游资源,加快秦岭绿色文化、历史文化、宗教文化为一体的山水景观产品和休闲度假产品的开发建设,把打造秦岭独特的气候、动植物、地质、水文、生态以及人文等资源的生态旅游品牌放在重要地位,组合西安、宝鸡、咸阳、渭南等地市,着力共同打造"秦岭——中央国家公园"的品牌。同时以区县或者区域为主,发动地方优势,构建发展大骨架,早日实现秦岭国家山水休闲度假胜地的建设。

3. 市场运作,统一品牌,塑造大秦岭新形象。对一些优质旅游资源,要统一策划、整合营销、捆绑上市,提高旅游产品市场认知度;选择优势比较明显、对周边资源具有整合功能、对旅游线路具有支撑作用、对区域旅游具有带动效应的特色项目,突出大特色,打造大景区,形成大容量,构建大循环。集中力量建设临潼文化旅游区、大华山生态旅游区、金丝峡生态旅游区、长青—华阳生态旅游区、太白山生态旅游区、木王生态旅游区、牛背梁生态旅游区、天竺山生态旅游区、通天河生态旅游区、大南宫山生态旅游区、黎坪生态旅游区、汉江大瀛湖生态旅游区、玉华宫生态旅游区、照金—大香山文化旅游区。

打造以千里秦岭、千曲黄河、千水汉江为代表的山水生态度假旅游品牌,以及华山、终南山、太白山、仙娥湖等大型会议或者休闲度假娱乐中心。集中资金打造重点休闲度假胜地,如太白山、骊山、西汤峪、翠华山、黑河水库等,在现有设施的基础上锦上添花,从而形成投资—收益—投资的良性循环。

4. 以大项目为龙头,分层次推进山水旅游景区开发建设。应高起点、高水平做好休闲度假景区的规划,要大力推进旅游和文化结合的策略。以大项目为龙头,分层次推进山水旅游景区开发建设,努力实施山水休闲度假景区的二次开发策略。抓好临潼区、凤县、华阴市、黄陵县、留坝县、岚皋县、商南县等7个旅游示范县的建设工作,努力建设一批旅游示范县。根据旅游度假村的评价条件,提出秦岭休闲度假景区的评价指标,给出评价参数表,对秦岭休闲度假带进行定量分析评价。按照综合评价积分,划分出三个不同级别的开发区:一级度假开发区的资源条件优越,度假设施初具规模,开发序位为1;二级度假区度假基础设施和服务水平有待大幅度提高,开发序位为2;三级度假区目前区位条件较差,开发序位为3。然后逐步实施到位。

5. 提高硬件设施,加大交通投入,实现便捷快速。着重抓以下几个方面:(1) 规划建设休闲度假区的交通网络,重点抓好支线旅游交通和景区连接线的建设。(2) 充分利用国家对西部倾斜政策和资金,提高旅游基础设施建设的投入。(3) 在修建大型客房的同时,还要注重在旅游度假带内修建舒适安静的小别墅、小帐篷、大小型会议室,要求功能齐全,为商贸旅游度假提供必要条件。(4) 度假胜地内电力尽快与关中电网联接,同时利用度假区内丰富的水力资源进行调节,并要建设先进的通讯设备。(5) 建设标准游泳池,缓冲温泉洗浴的压力,重点建于东汤峪、西汤峪、骊山等地。(6) 在楼观台建设简朴的道家草房,在终南山建仿古皇家别墅,在钓鱼台建钓鱼台杆,骊山增加窑洞宾馆,太白山提供观赏"六月积雪"的各种设施。

6. 在产品开发上,重点强化各景区间的差异化特色。骊山—王顺山板块将主要发展温泉休闲游、生态休闲游和唐文化体验游。终南山板块则用终南山古典品牌来发展山水休闲度假旅游、乡村旅游、宗教旅游,最终将其打造成"城郊游憩带"。

7. 客源组织要多元化。客源组织的重点是建立市场竞争机制,掌握市场动向,选择客源目标市场,以便有针对性建设旅游度假设施,组织度假商品供应,加强市场竞争对策。

8. 保护环境,合理地利用资源,营造良好的环境。为了保护生态,便于开发,对居住在秦岭山中的农民要进行异地安置或者整体搬迁,带动当地农民脱贫致富。同时,对景区的厕所、给排水等影响环境的设施要进行改造和提升。实施生态补偿机制,开发产权式酒店等低碳、环保项目。

9. 通过各种渠道融资、招商,解决发展中的资金不足的困难。利用社会各方面的力量,建立科学的现代企业管理制度和薪酬分配方式,打造秦岭山水休闲度假品牌。

10. 在景点打造,宣传营销,创意发展上要下足功夫,以秦岭景区景点为核心,带动旅游各要素科学、协调发展,造福当地农民,建设和谐社会。

11. 提高从业人员的素质和服务质量。现在秦岭各景区景点,处于开发浅层次阶段,不少服务人员素质低,服务意识差,亟须统一进行旅游从业资质培训,持证上岗。

12. 确立可持续经营休闲农业旅游的理念。加强景观经济林建设和绿色产业开发,开展森林涵养水源功能的研究。结合退耕还林、封山育林、乡村绿化,加快景观经济林建设,发展生态农业,支持以经济林果品为主的绿色食品产业开发,逐步从无公害食品、绿色食品向有机食品发展,发展食品加工企业,并形成完整的产业链,不断提高附加值,稳定增加群众收入,发展山区农村经济。

13. 建立定期环境监测与预报制度。研究景区适宜的旅游者的环境容量。在调查研究的基础上,确定秦岭休闲度假旅游区域适宜旅游者的环境容量,以便控制合理的环境承载能力。

14. 将休闲度假旅游纳入当地的社区建设中去。依据全省制定的大秦岭方针,把整个秦岭规划纳入到有序发展中,各个市、各个县依据自己的山水特点,依据当地人文民俗特点,开发出迎合市场具有不同品味的产品。

15. 跨省联合申遗。秦岭具备世界自然遗产或自然文化双遗产的高品位和高品质,在秦岭终南山世界地质公园的基础上,建议由秦岭所在的陕西、甘肃、河南三省跨省联合申遗。秦岭整体申遗必将能全面的开发和保护秦岭的旅游资源。

16. 加快开发秦岭旅游纪念品。建立旅游纪念品研发中心和生产基地,设计和制作一批体现地方特色、自然风光、人文古迹、传统文化和民间工艺的旅游纪念品。打造特色品牌,推进秦岭的核桃、板栗、柿子等绿色土特产系列产品开发,全面提升加工包装质量和档次,以质优、味美吸引游客消费;积极开发药浴、药膳、养生等旅游新产品,促进旅游保健消费。

四、秦岭山水休闲度假重点景区建设的攻略

基于对秦岭山水旅游资源空间结构的分析,秦岭山水休闲度假旅游今后应该向区域组团和功能整合的方向发展:

(1) 核心景区带动辅助景区发展。如太白山森林公园可以带动太白县、眉县相关地区;华山可以带动华阴市相关地区,将自然观光与风俗体验相结合。

(2) 建立环西安市的环城近(长安区)、中(户县、蓝田县、临潼区)、远(周至)三层观光带,充分挖掘利用西安市的消费群体。

(3) 应用点轴渐进扩散理论,以交通主干道为轴,以核心和重点景区为

点,将区域串联起来,增强区域间的联系与合作。

案例评析

1. 秦岭是大自然留给陕西乃至世界无可替代的、最具观赏性、体验性和丰富多彩性的生态奇观。秦岭在陕西境内分布广泛,要整合各方面的有效资源,让自然的秦岭向文化的秦岭、休闲的秦岭转变,秦岭旅游开发将带给陕西旅游业更大的发展机遇。在课题研究中,我们本着对陕西人民和自然文化敬畏和负责的态度深入实地开展调研,分析发展现状,进行问题诊断,并在此基础上提出规划对策。

2. 在课题研究中,我们坚持"以人为本,科学发展",注重景区开发与改善民生的结合,与环境保护结合,使之形成人与环境的自然和谐,经济发展与民生改善的同步发展。

3. 西安国际化大都市的定位将使秦岭成为西安人的福地,成为西安城市化进程中无可比拟的优质资源,一个山水生态国际化大都市正迈步向我们走来,一个以避暑休闲度假为主的山水绿色秦岭将展现在我们面前,随着以西安为中心的关中城市群在我国中西部的交通枢纽地位的确立,秦岭完全有条件成为关中以及周边更多城市乃至全国人民共享的大花园,秦岭以它不可取代的胜地优势,正呼唤着一个休闲度假时代的到来。

新型城镇化与江西进位赶超战略研究

江西省社会科学院

新型城镇化在转变经济发展方式,调整和优化经济结构,提高经济质量和效益,统筹城乡和区域发展,促进资源节约和环境友好等方面发挥着积极作用,是实现江西经济平稳较快发展最大的内生动力和坚实支撑;是打破城乡二元结构、促进城乡一体化发展的必由之路。2008 年 4 月,江西省委、省政府审视江西经济社会发展现状,着眼江西经济社会发展未来,作出了加快推进新型城镇化和城市建设的战略决策,掀开了江西城镇化建设的崭新篇章。

江西省社会科学院紧贴党和政府的工作大局,将"新型城镇化与江西进位赶超战略研究"作为 2010 年省社科院应用对策研究重大课题。课题组高标准、高质量地完成了研究任务,得到了省委省政府主要领导的高度肯定和理论界实践界的高度认同,为我省编制"十二五"规划纲要提供参考。

"新型城镇化与江西进位赶超战略研究"课题分析了当前江西新型城镇化的形势,并提出江西要在城镇化的发展路径选择、发展模式、体制机制上寻求突破,以加快新型城镇化的发展。

江西省作为一个内陆欠发达省份,要想在区域竞争中不落后,就必须走"进位赶超、跨越式发展"的道路。而江西要实现跨越发展、进位赶超,就必须抓关键、抓重点、抓突破口、抓主攻方向。突破口在哪儿呢？新型工业化和城镇化是一个地方加速崛起的有效途径，以工业化推动城镇化，以城镇化促进工业化。当前，城镇化已经成为江西经济社会发展的综合载体，是实现现代化不可逾越的必经阶段。推进新型城镇化，不仅可以有效地推进工业化发展，壮大城市经济实力，而且对于工业反哺农业，城市支持农村，提升地区经济综合实力具有十分重要的意义。

进入新世纪以来，江西省城镇化发展和城市建设取得了很大成绩，初步形成了以省会南昌为核心，以九江、赣州、景德镇、上饶、鹰潭、新余、宜春、萍乡、吉安、抚州等城市为支柱，其他设市城市和县城为骨干的城镇体系框架。城镇功能和综合实力不断增强，城市生态环境保护取得突破性进展，江西新型城镇化正在形成快速推进的新格局。但推进中也存在一些不容忽视的问题：城镇化水平相对较低的状况尚未根本改变，城市综合实力不强的状况尚未根本改变，城镇粗放式发展的状况尚未根本改变。我省城镇化率与全国平均水平的差距正逐步缩小，但仍低于全国和中部六省平均水平；城市数量少、规模小、实力弱的问题比较突出，尤其是大城市和特大城市数量少，中心城市的竞争力、辐射力和带动力不强，城市群发展相对滞后；各城市职能结构存在较大趋同性，职能分工不明确；不完全城镇化问题仍制约江西城镇化发展。加快城镇化进程，提升城镇发展水平，任务仍然艰巨。

对于如何加快江西新型城镇化建设问题，课题组提出要在城镇化发展路径选择上谋求突破，要在城镇化发展模式上谋求突破，要在城镇化的体制机制上谋求突破。

一、要在城镇化发展路径选择上谋求突破

1. 突破害怕"城市病"的思维定势

长期以来，我国实行"严格控制大城市规模，合理发展中等城市和小城

市"的方针,在发展理念上害怕大城市,控制大城市,总以为城市大了就一定会出现"城市病"。实践已经证明,城市越大规模效益越好,集聚功能和辐射功能越强,并且,由特大城市为中心发展为城市带、城市群,已经成为我国和世界成功城镇化的经验与规律。因此,要坚定不移地做大做强中心城市,在全省形成南昌、九江、赣州等几个特大城市和大城市,构筑全省的经济高地,带动全省经济社会加快发展。

2. 编制城镇体系规划,引领城镇化快速有序发展

大、中、小城市和小城镇协调发展是新型城镇化的重要特点之一。要实现全省整体的可持续发展,必须要从区域的角度考虑大中小城市的联系与分工,考虑基础设施的布局与建设,考虑土地的保护与开发,等等。今后一个时期全省城镇化的总体布局是"一圈两带",即以南昌为中心的鄱阳湖城市圈,以浙赣铁路和京九铁路为依托、沿线城市为支撑的两大城镇带。鄱阳湖生态经济区规划提出,以南昌为核心,区域内其他 5 个中心城市为节点,形成以点带轴、以轴促面的城镇集群发展格局。这里特别需要指出的是,小城镇建设应该有重点地规划和推进,不能遍地开花。

3. 加快工业化,促进工业化与城镇化良性互动

在新的起点上加速推进江西新型工业化要抓住三个重点:一是在城市产业布局上,要加快工业园区建设。要有规划有步骤地实施城区企业向工业园区搬迁改造,形成城区以第三产业为主,开发区和工业园区以第二产业为主,城市外围以为城区服务的城郊农业为主,城市由内而外呈"三二一"的产业分布格局,扩大老城区的发展空间和综合功能。二是在产业选择上,要认清江西的发展阶段,发挥江西低成本优势,有选择地发展劳动密集型产业。三是要大力培育规模企业,形成产业链,发展产业集群,做大做强城市经济。四是在发展方式上,要以推进信息化为依托,用信息技术改造传统产业,并把握信息化发展趋势,推进信息化城市建设。

二、要在城镇化发展模式上谋求突破

在城镇化加速期,一定要实现城镇化模式的突破,让进城农民在城市有工作岗位,有社会保障,通过努力能不断增加收入,社会地位有上升的通道,能够在城市购置房产实现定居。不断提高城镇化的质量,才能达到结构调整的目的。

1. 创新户籍管理制度

实行城乡统一的户口登记管理制度,将附着在户籍上的、用以分割城乡的配套政策(如就业、社保、教育、福利、退伍安置中的各种利益)从户籍上剥离开。

2. 完善进城农民的住房保障体系

出台促进全省住房保障工作的政策文件,逐步打破户籍限制的障碍,将"非城市户口"在内的更多的中低收入家庭纳入"城市住房保障体系"的保障范围。在原有廉租住房和经济适用住房模式基础上,增加公共租赁住房的保障方式,将外来务工人员纳入供应范围。

3. 扩大社会保障覆盖面,做好转移接续工作

要依法扩大职工社会保障覆盖面,不能以牺牲职工权益为代价来换取所谓的投资环境;进城务工农民的社会保障要与城市职工同步发展,做到"同工同酬同保障";要将全体职工参保率纳入政府绩效评估。

在做好农民工社会保险转移接续工作的同时,要力争参保资金足额转移,切实减轻到期支付的资金压力;如果暂时做不到足额转移,政府应该根据已经转移的人数,提前作好资金储备,避免到期支付产生风险。

4. 切实解决进城务工农民随行子女义务教育问题

建议进一步放宽农民工子女义务教育阶段的入学条件,取消劳动用工合同、养老保险凭证等硬性约束条件,只要能证明其农民工子女身份,就应

该让他们与城市孩子享受一样的义务教育。同时,要根据我省城镇化进程,结合"十二五"时期经济社会发展规划的编制,在科学预测的基础上,作好学校网点调整、师资力量配备等方面的规划和建设,真正满足城镇化对教育的要求。

三、要在城镇化的体制机制上谋求突破

城镇化进程中牵涉的体制机制主要是户籍管理、土地制度、被征地农民的社会保障和城市的可持续发展等方面。

1. 创新土地制度,实现城乡建设用地增减挂钩,达到占补平衡,探索集约用地的新型城镇化模式。首先是优化农村土地利用结构,达到城镇建设增地和农村建设减地动态平衡。其次,要优化城镇的土地利用结构,明确功能区划,第二产业向园区集中,第三产业向城区集中,达到节约集约用地目的。第三,城市建设土地使用规划要充分考虑绿地、公园、健身等所需土地,要考虑交通便捷通畅和居民住房间隔距离等对土地的要求,提高市民幸福感,实现城市建设的可持续发展。

2. 降低被征地农民养老保险一次性缴费的数额。目前,被征地农民养老保险一次性缴费偏高,失地农民均需将土地补偿费用的一半以上用于缴纳养老保险费,对生计构成较大影响。建议降低标准,把失地农民当下生活与未来养老兼顾起来。

3. 做好社会事业各项制度的城乡衔接。相关职能部门应该未雨绸缪,为城乡相关制度的对接或衔接作好准备,促进江西城镇化快速、平稳发展。

4. 建设宜居城市,提升城市形象,促进城镇化可持续发展。

案例评析

1. 应用对策研究必须紧贴党和政府的工作大局,地方社科院作为党和政府的智库,就必须紧贴党和政府的工作大局,自觉地为党和政府的重大决策建言献策。近年来,江西省社科院一直坚持"立足江西,紧贴江西,研究江西,服务江西"的工作思路,大力开展应用对策研究。"新型城镇化与江西进位赶超战略研究"正是紧贴了党中央、国务院的重要指示精神,紧贴了江西省委、省政府的工作大局,也正是如此,地方社科院的作用才得到进一步发挥、地位得以进一步提升。

2. 应用对策研究人员应始终坚持理论与实际相结合的原则,始终坚持深入基层、深入社会,关注现实,注重对实际问题的研究。只有在深入细致科学的调查基础上,才能提出符合国情、省情的对策建议,为地方政府排忧解难,真正成为省委省政府的智囊团和思想库。

后　记

　　进入21世纪之后,随着我国国家经济实力快速增长,中国为了适应日益激烈的国际战略竞争的需要,对智库的作用也越来越重视。特别是近年来,中国发展的国内外环境急剧变化,国民经济高速增长和社会深层次矛盾日益凸显,迫切需要智库机构为国家各项政策提供智力支持。大力推进我国的智库建设不仅是国内经济社会创新驱动、转型发展的迫切需要,也是提升国家"软实力",在参与全球战略竞争中谋求新优势的重大战略举措。

　　上海社会科学院是全国最大的地方社科院,也是全国哲学社会科学的研究重镇,拥有较强的研究力量和广泛的社会影响。近几年,我们根据中国特色社会主义现代化事业发展的现实和需要,按照中央繁荣发展哲学社会科学的战略部署,总结上海社科院的优良传统,审时度势,明确定位,从2005年起,开始探讨智库建设的设想,并于2006年明确提出建设"国内一流、国际知名的社会主义新智库"的发展目标。

　　围绕智库建设目标定位,上海社会科学院积极开展智库研究,通过智库研究推动智库建设,不断提升智库发展的能力和水平。2009年上海社科院成立了"智库研究中心",进一步聚焦政治、经济、社会和文化等问题,通过智库研究更好地加快智库建设,更好地服务于上海和全国的经济与社会文化发展等。该中心以倡导、探索不同学科和经济学科之间不同分支与方向之间的相互渗透、相互交叉、相互提高为宗旨,以推动具有中国特色的智库研究及其应用为目标,依托上海社会科学院哲学、历史、经济、文学、法学以及宗教等综合性人文与社会科学整体科研实力,承继上海社会科学院研究优势和特色,整合上海、国内乃至国际上其他高校和研究机构智库研究的研究资源,集中力量研究上海、全国和世界上智库的状况,搭建跨学科研究的平台,为上海市委与市府提供决策咨询服务,为社会发展提供智力支持。

2009 到 2010 年,我院智库研究中心确定了"国际著名智库研究"、"智库竞争力研究"、"西方学者论智库"3 个课题研究,并在此基础上编著成系列丛书。其中,《国际著名智库研究》一书,从全球范围内选择了发育较为成熟和有实力的 37 个优秀智库,对其发展历程、决策服务机制、政策安排等进行了较为系统的研究。《中国智库竞争力建设方略》一书,从智库竞争力的概念出发,构建了包括政府决策影响力、学术影响力、社会影响力、国际影响力等为内容的评价体系,并进一步提出了提升中国智库竞争力的具体方略。《西方学者论智库》一书在全面梳理西方学者对智库研究成果的基础上,总结了西方学者对智库要素、智库作用、智库影响力、智库管理、智库推广等内容的基本看法和观点,并进行了案例研究。此外,还翻译出版了《智库能发挥作用吗? 公共政策研究机构影响力之评估》和《智库、公共政策和专家治策的政治学》。这些书产生了较好的社会影响。

为进一步探索和研究智库发展规律,推动智库建设再上新台阶,2010年到 2011 年,我们再次组织力量开展研究,确立了智库产业研究、智库谋略研究以及全国地方社科院智库功能转型研究三个课题,在此基础上形成了《智库产业——演化机理与发展趋势》、《智库功能转型——理论创新与实践探索》、《智库谋略——重大事件与智库贡献》三本系列丛书。

系列丛书在立项和研究过程中,中共上海市委宣传部原副部长、上海社会科学院党委书记潘世伟教授、上海社会科学院常务副院长左学金研究员、上海社会科学院党委副书记、院智库研究中心秘书长洪民荣研究员等从课题选题、立项和研究等都提出了很好的学术指导和专家意见,他们为本书出版付出了辛勤汗水。上海社会科学院原党委书记、院长,智库研究中心主任王荣华教授多次主持会议,指导课题研究工作并提出宝贵修改意见。上海社会科学院党政办主任、智库研究中心副秘书长王健研究员,院科研处处长、智库研究中心副秘书长权衡研究员以及院外事处处长、智库研究中心副秘书长李轶海等组织和协调课题研究工作,并为本书出版做出了积极的努力和工作。丛书作者对他们的辛勤付出表示衷心感谢!

　　《智库转型——理论创新与实践探索》作为丛书之一,力图从地方社科院智库转型的研究、实践和案例三个方面出发,分析地方社科院在智库转型中目标定位、形态更新和功能再造,揭示中国智库和智库产业的演进机理与发展趋势。之所以从地方社科院视角研究智库,主要是考虑到它们都是各地规模最大的综合性社科研究机构,也是各地党和政府落实科学发展的重要智力支撑。如何转变以往的僵化模式,以现代智库为导向进行功能转化,不仅关系到各地的决策民主化和科学化,也决定着社科院自身在新形势下的生存与发展。只有成功实现智库转型,地方社科院才能成为地方党和政府想得起、信得过、靠得住、用得上的思想库和智囊团。我国正在经历“创新驱动、转型发展”的关键时期。伟大的实践需要伟大的理论指导,转型的实践呼吁哲学社会科学组织和研究方式的转型,也呼吁包括地方社科院在内的哲学社会科学机构的转型。值得一提的是,本书的编者们同时也都是地方社科院智库转型的参与者、记录者和研究者,为此,本书的编著过程也颇有几许“照镜子”的感觉,使得本书的内容来源于实践,又提炼于实践。

本书的基础是上海社科院党政办公室主任、上海社科院智库研究中心副秘书长王健研究员先后主持的两项我院智库研究中心委托的调研课题，主要研究地方社科院的智库功能转型及其在地方社会经济发展中所发挥的作用。上海社科院党政办公室的副主任沈桂龙副研究员和主任助理陈骅同志也参与其中。

书稿编著得到了上海社科院原党委书记、院长，智库研究中心主任王荣华教授，中共上海市委宣传部原副部长、上海社科院党委书记潘世伟教授的关心、鼓励和支持，他们欣然为本书赐稿。上海社科院党委副书记、智库研究中心秘书长洪民荣研究员，科研处处长，智库中心副秘书长权衡，科研处副处长李安方，处长助理陶希东等也多次与编者一起探讨本书的框架和体例，提出了许多很好的意见和建议。特别是各兄弟地方社科院的领导和相关职能处室负责人对此书的编著给予充分的理解、配合和支持。在此，我们一并表示由衷的感谢！

为了尽可能准确地表达研究成果，丛书几经易稿，所以最后定稿的时间比较仓促，难免会在观点及编辑中存在若干不足和问题，作者期待学界同仁对本书提出指正和批评。

丛书编者

2012 年 4 月